阿育吠陀香料蔬食料理

源自古印度的Ayurveda，南印、斯里蘭卡經典美味食譜全公開

川島一惠·若山曜子 合著

巴貝林阿育吠陀療癒中心（Barberyn Ayurveda Resorts）監修

尤可欣 譯

商周出版

關於本書的發行

本書是參考「巴貝林阿育吠陀療癒中心」(Barberyn Ayurveda Resorts)的負責人及廚師長年累積經驗所寫下的食譜製作而成。直到今日，巴貝林中心從未向外界公開食譜，這次特別應允我們的要求，慷慨的將他們的食譜紀錄提供給我們，才得以順利完成本書。

這本食譜的書寫製作，要特別感謝長年在巴貝林中心工作、現任主廚的Dhammika先生，以及與主廚一起努力創造健康美味料理的負責人兄妹，同時本身也是專業廚師的Manick先生、Kamini女士多方協助，由衷感謝。另外還要感謝阿育吠陀替代醫療研究所、巴貝林阿育吠陀療癒中心的醫師團隊們。

為了讓各位讀者在繁忙的日常生活中，可以很容易理解這些內容，我們盡力提供了各種資訊。再一次感謝各位。

Special thanks to Mr. Manick, Ms. Geetha, Ms. Kamini (owners), the Barberyn's doctors team,
Dhammika-san & kitchen/dining staff, and actually EVERYONE of Barberyn
who helped us make this book with huge amount of effort & LOVE!!

川島一惠

〔使用本書之前〕
・本書並非阿育吠陀參考書、也不是阿育吠陀食療書籍，完全是根據巴貝林中心每日提供的餐點所寫成的食譜（其中包含作者原創食譜）。
・本書在料理的效能中除了提到食物營養價值之外，也對Dosha（體質能量）的作用稍作說明注解，然而人的體質各有所異，每個人都可能產生不同結果。另外，一道料理中使用了數種食材，即使同樣的材料也會產生不同作用，請斟酌衡量，資料僅供參考。

〔關於計量單位〕
・1大匙約為15cc、1小匙約為5cc、1杯約為200cc。
・材料欄中所記載的份量、烹調時間都是大概的數字。

〔關於材料〕
・日本與斯里蘭卡所用的食材非常不同，本書為了可以在本地製作，食譜內容盡量以在地可取得的材料做調整。主要替代食材如下所記：
・馬爾地夫魚乾(P.120)→柴魚片（鰹魚片）。
　＊巴貝林中心並沒有使用馬爾地夫魚乾，本書是參照一般的斯里蘭卡料理習慣，並以柴魚片替代。
・石蜜(P.011)→黑砂糖或紅糖。
・椰子油(P.011)→沙拉油、白芝麻油等無味的油。
　＊在材料欄中所標記的「油」，通常是指沙拉油。

〔各種料理效能所附的Dosha符號說明〕
・從阿育吠陀理論的觀點，記錄每道料理對Dosha（體質能量）作用增減的效果。
・「↑」代表提升（增加）、「↓」代表下降（減少、鎮定）。
　另外，有時出現兩個箭頭↑↑代表作用較強。
例：屬於Vata體質的人（或是Vata能量增加的人＝肌膚乾燥……），因為體內Vata屬性的能量容易提升，應該避免吃造成Vata能量提升（增加）的食物，而應該吃抑制Vata能量（減少）的料理，來達到體內能量平衡。

Contents

soups 湯品

salads & chutneys 沙拉&醬料

grains 穀物

sweets 甜點

簡介

提到「阿育吠陀」這個詞彙你會想到什麼呢？

印度傳統醫學、五千年歷史、生命科學、瑜伽、美容、精油指壓按摩、療癒、神祕……很多想法都會浮現，事實上，阿育吠陀是正式通過WHO（世界衛生組織）認證，集結先人智慧，具有歷史淵源的傳統醫療法。

雖然感覺很複雜、困難，但阿育吠陀數千年來強調的目標，簡單的說就是「用自己的方式幸福快樂的生活」，而這實在是既簡單又深奧的課題啊！

每個人生來都帶著各自不同的特質，而這些特質並沒有優劣之分，尊重每個人的差異、並慎重的活化這些特質，就是阿育吠陀的思想。但是當充滿壓力和混亂的生活持續著，每個人自身的特質就難以發揮，於是開始生病，甚至對整個人生都產生壞的影響。因此阿育吠陀教導我們的，首先就是要瞭解自己的資質（體質或傾向），並讓這些個人資質活化甦醒，這是最重要的事。

位於印度南邊的美麗島嶼斯里蘭卡的居民們，將阿育吠陀的智慧深深根植在生活中，在這裡，阿育吠陀保有最純粹的原型。而在這樣的斯里蘭卡島上，有一所世界第一的宿泊設施「巴貝林阿育吠陀療癒中心」（通稱巴貝林），創業於一九六八年、並於一九八二年導入正統阿育吠陀治療系統。

阿育吠陀強調，人的身體、心靈、以及生存所需的能量都是由食物建構起來的，因此依照個人的體質、症狀選擇適切的飲食，比服用藥物更為重要。而在巴貝林內，除了依據阿育吠陀醫師的指示進行治療，同時還可以吃到豐富的新鮮蔬菜、香料製作成的阿育吠陀料理，另外還提供自助餐式的水果吧。

除了親切周到的治療與服務之外，每日供應的美味料理更讓人上癮！「感覺吃了就能恢復精神……」這類的好評不斷，因此來自世界各地重複回診的客人逐漸增加中，讓這裡成為內行人熟知的療癒中心。

而這樣的人氣料理初次獲得巴貝林獨家傳授！本書就是根據巴貝林的指導協助，完成在日本及台灣也可以輕鬆製作的食譜。建議可以從自己喜歡的料理開始嘗試，當然，保證蔬菜豐富！

現在，就來一起享用阿育吠陀料理的美味，並愉悅地進行體內的大排毒吧！

Eating Style
阿育吠陀式理想飲食風格

在當地用餐時，主菜和配菜盛在同一個盤子上，用手指混合著吃是基本的風格，不同素材混合所產生自由變幻的味覺調和感，實在讓人怎麼也吃不膩。將飲食的一些基本規則記在心裡，帶著滿足的心情用餐是最重要的。

● 先確認自己的體質

根據阿育吠陀理論，人體內的能量可分成「Vata（風）」、「Pitta（火）」、「Kapha（水）」三種性質，通常依據三種性質的平衡狀態來判斷一個人的體質之後，再依照各自的體質來建議最適合的飲食內容，因此，先確認自己的體質傾向是很重要的（請見P.123阿育吠陀體質檢測表）。除此之外，每道食譜附注的阿育吠陀「效能」項目也請留意。

● 每餐攝取可以完全消化的份量

讓前一餐的食物徹底消化、空腹之後再攝取食物是非常重要的。如果前一餐都還沒消化完全又開始用新的一餐，就會造成消化不良、體內毒素（Ama）堆積而引起各種失調現象。食量依據每個人、每個季節不同而有所不同，阿育吠陀認為一天中消化能力最高的時間是中午，應該進行最主要的用餐。另外，胃的三分之一是水分（如湯汁）、三分之一是食物（如飯菜），剩下的三分之一保持空腹是最理想的，消化力較弱的早晨和即將就寢前的夜晚盡量取用輕食餐點，無論如何，禁止過量飲食。

● 使用新鮮食材、烹調後立即食用

料理最好採用新鮮、品質優良、營養豐富的食材。另外，冷涼的食物會造成消化力減弱，可能的話最好食用溫熱過的食物。剛做好的溫熱料理，會讓心情也變得愉快，在用餐過程中，搭配飲用少量的溫開水則可以幫助消化。

● 適量運用六種調味與優質的油

為了讓體內流動的三種體質能量（Dosha）達到平衡，阿育吠陀建議攝取六種不同味覺（甜味、酸味、鹹味、辣味、苦味、澀味）的食物（但並不需要全部均等），另外還建議使用適量優質的油。

● 帶著愉悅的心情用餐

當你帶著壓力、憤怒用餐時，消化力也會降低。投入滿滿心意做出來的料理，用了許多喜愛的食材（與偏食不同），應該帶著滿足的心情來用餐。專注在眼前的食物，用餐時間不要過長或過短最理想。

※ 並不是一定要完全照著做，請依不同狀況應變與調整。

Coconuts
料理不可或缺的椰子

提到椰子，人們馬上會想到是熱帶最具代表性的食材！巴貝林療癒中心（Health Center）內所提供的斯里蘭卡料理，也常常採用南國風十足、營養豐富的椰子作為食材，椰子是世界各地熱帶地區栽植的棕櫚科、椰屬植物的果實，椰子樹本身對於熱帶地區的人們來說，就是生活不可欠缺的重要植物，當地人對於這個大自然所提供的恩惠，總是絲毫不浪費的珍惜運用，在料理上，從椰子萃取的椰奶、椰子油更是少不了的食材，這些人們從生活中所生的智慧產物，既實用又不浪費，實在是最好的東西。在這裡，就來介紹幾項由椰子萃取製造的重要食材。

● 椰奶 Coconut milk

這是斯里蘭卡不可或缺的食材，含有健康的脂質及維他命。將熟成的椰子中白色胚乳的部分削下來，加水搓揉擠壓，第一次過濾、榨出來的汁液就稱為椰奶，而剩下的殘渣可以加水做第二次的過濾。第一次榨取的汁液味道濃郁，通常都是作為料理的收尾或提味的重要角色，在台灣可以見到的都是罐裝製品，而罐裝的椰奶通常有油水分離現象，要充分搖晃混合之後再使用。另外，含油脂較少的第二次榨汁通常都用來做料理湯頭或加入燉煮，可以用粉裝的椰奶粉加水稀釋使用。椰奶有降火、抗毒功效，對胃炎、胃潰瘍等有益，而對於體質能量（Dosha）的平衡有全面的效果。

● 椰奶粉 Coconut milk powder

椰奶乾燥濃縮製成的粉末，可依照不同狀況取需要的量溶於熱水中使用，因為每次可以取適量使用，非常便利。

● 椰子粉 Coconut powder

取椰子的果肉（胚乳的部分）削薄乾燥，最後再搗碎製成。其中，依形狀還可分成兩種：長約1～2公分削成細屑的稱為「椰子屑」（Coconut long）、磨成細粉的稱為「椰子細粉」（Coconut fine）。

● 椰子油 Coconut oil

在當地烹調用的油當然就是椰子油（在日本及台灣並不是很普遍，因此本書以沙拉油替代）。在歐美，曾經因為一時錯誤的報導資訊導致大家敬而遠之，而最近的研究證實它對身體有益而再度受到注目。在阿育吠陀的治療當中，常常當作藥用油的基礎油使用。

● 椰子水 Coconut water

這是椰子果實內透明的液體，含有豐富的鉀和礦物質，有降火、清新提神、利尿等效果，在溽暑炎夏中是清涼解渴最理想的飲料。另外，對脫水症狀、尿道感染、身體燥熱等有很好的療效。

● 椰子石蜜 Jaggery

這是從椰子萃取、非精製的砂糖。在斯里蘭卡當地的僧伽羅語中稱為「Hakul」，含有多種礦物質、甜味濃郁為其特徵，通常作為甜點的材料，磨碎的渣則可以加入紅茶、綠濃湯（P.079）中調味。如果無法取得的話，以黑糖或紅糖代替也可以。

椰子石蜜

roasted curry powder
煎焙咖哩粉

將咖哩粉重覆煎炒直到顏色略呈
焦黑,因此又有黑咖哩粉的別稱。
在蔬菜咖哩料理完成後撒上適量
的煎焙咖哩粉可增加香氣,但因
為香氣十分濃,因此最好加入少
量就好。(P.018)

SUWNDA KUDU(ROASTED
CURRY POWDER)

Spices & Herbs
美味又有益健康的香料與香草

在阿育吠陀料理中使用的香料與香草,除了增加料理的香氣、味道、讓食物更美味之外,還能促進食慾、消化、代謝功能,並且有排毒、預防消化不良的效果,可說是調養身體的藥石。

依據使用的香料與香草,可以賦予料理不同的深度及個性,即使每天吃都不覺得膩。既美味又對健康有益的香料與香草,絕對是每日飲食生活中少不了的角色。這裡就介紹一些在本書中登場的主要香料與香草。

cumin
小茴香

繖形科(水芹科)一年生草本植物,種子乾燥之後可以當作辛香料,是咖哩料理不可或缺的香料。辛辣的特有香味可以促進食慾,還有健胃、改善消化不良、鎮痛、改善打嗝、下痢症狀、排脹氣(改善腹部膨脹感)等功效。

coriander
香菜籽

莖和葉都有獨特的香氣,通常稱為香菜,種子乾燥後也當做香料使用,特有的柑橘類甜甜的清爽香味,可以增加食慾、促進消化,另外對發燒、打嗝、感冒、過敏性皮膚炎也有效果。

turmeric
薑黃

薑科植物的根莖部乾燥後磨成粉而成,顏色鮮黃,帶有一點苦味,同時還有一點土地的香氣,有抗菌、淨化血液、解毒、強健體魄、抗過敏等作用,另外還可以幫助肝臟運作。

cardamom
豆蔻

香氣濃、品質高,有香料女王之稱,可以增進食慾、改善消化不良症狀,健胃、改善呼吸系統功能、改善打嗝、去除口臭等,在精神方面可以緩和壓力、幫助紓緩放鬆。

cinnamon
肉桂

樟科植物的樹皮剝下之後乾燥製成,一般是小枝狀,也有磨成粉狀的,有促進消化、鎮靜、強健體魄、增加食慾、殺菌、防蟲、解熱、緩和感冒症狀等功效,另外還有抑制血糖上升等多種功能。

clove
丁香

木犀科植物的花蕾在開花前摘下乾燥製成,特徵是有強烈的甜膩芳香,以及略帶刺激感的味道,可以健胃、促進消化、殺菌、除臭、鎮痛等,特別是具有口腔的殺菌功能,將顆粒狀丁香含在嘴中,還可以抑制牙齦疼痛。

fenugreek
葫蘆巴

豆科一年生草本植物,種子乾燥之後可以作為辛香料,香氣與苦味和西洋芹類似,而帶甜味的香又有點像焦糖,有增加消化能力、強健體魄,以及改善便祕、發燒、咳嗽、打嗝等作用,另外還有促進母乳分泌的功效。

fennel
茴香

繖形科(水芹科)植物,種子乾燥後當作香料使用,香氣清爽帶有甜味,可以增進食慾、促進母乳分泌、利尿、止咳嗽、減緩打嗝、改善便祕等,刺激性較低,適合大部分人的體質,另外,有預防口臭的效果,因此飯後可以直接含一些在口中。

red pepper
紅辣椒

乾燥之後的辣椒磨成粉製成,如果要增加料理的辣味當然少不了辣椒粉,適量攝取可以讓身體溫暖,但攝取過量的話會造成出汗,反而讓身體冷卻。有降低膽固醇、減輕關節痛、預防胃潰瘍、增加身體活力、提升免疫力等功效。

curry leaf
咖哩葉

僧伽羅語稱為「Karapincha」,又稱南洋山椒,擁有咖哩與柑橘類的香氣,在南印度與斯里蘭卡是常用的一種香料,一般都是販售乾燥的葉子,有增進食慾、解熱、降低膽固醇、改善糖尿病的功能。

curry powder
咖哩粉

為了做咖哩料理而特別調配的綜合香料,在斯里蘭卡稱為「Tunapaha」,依照不同配方,有幫助消化、減少脂肪等效果,另外還有抗炎症、抗酸化、舒緩關節痛等作用。

pepper
胡椒

摘取未成熟的果實乾燥後就成了「黑胡椒」,而果實完熟後採收,以水浸漬讓外皮軟化脫落,就可以製成「白胡椒」。具有清爽的香氣和辛辣的味道是其特徵,除了有除臭功能之外,還有促進消化等功效。

※ 一般來說香料有種子狀(完整未加工),以及磨成粉狀兩種。基本上,種子狀的香料都要用油先爆香才有作用,而粉末狀的香料則可以在拌炒、燉煮的過程中加入調味。另外,煎焙過的香料種子通常都磨成粉狀,在料理完成上桌後,撒在料理上使用。

1
main dishes

主菜

巴貝林的飲食，基本上是採用豐富的新鮮蔬菜製作的自助餐式料理，
每一樣都是發揮食材特性的健康料理。
在餐桌上，有醫生依照每一位客人的體質、
調性所作出的阿育吠陀飲食指示卡，
同時也事先向廚房提出指示，以製作最適當的料理。
對於一般人身體有益的飲食，
並不表示對所有人來說都是最好的，這個觀念要先記得，
然後再找出適合自己並取得均衡的飲食，這點非常重要。

椰汁燉芋頭

南瓜黑咖哩

main dishes
Soup style
湯式咖哩

正如名稱所示，這裡介紹的都是湯汁較多的咖哩。

在鍋裡加入滿滿的蔬菜、水，和香氣豐富的香料一起熬煮到熟軟，

最後再倒入椰奶就完成了，

但重要的是椰奶不要長時間慢火燉煮，而是涮的快煮一下，

拿捏恰當的時機關火，

這樣，料理才能增添額外的甘味和濃郁感，味道也顯得深刻。

秋葵咖哩

南瓜黑咖哩

帶著少許甜味的南瓜和香料搭配起來真是絕妙美味。
從前在斯里蘭卡，人們相信南瓜裡富含著黃金，
而它豐富的營養成分還確實有黃金的價值呢！

材料（3～4人份）

南瓜……500公克

Ⓐ
> 鹽……¾小匙
> 煎焙咖哩粉*……½小匙

紅米……（P.120）¼杯

椰子細粉（Coconut fine）……¼杯

椰奶……1杯

Ⓑ
> 洋蔥（薄切）……½個、大蒜（切碎）……1瓣
> 青辣椒（切成碎末）……1根
> 辣椒粉……½小匙、胡椒……少許

水……2杯

煎焙咖哩粉……適量

✦ 效能

南瓜可以促進消化，也是對胃很好的食材。除了可以增加皮膚光澤，增強心臟、肝臟功能，還可以改善視力。與香料一起料理不只增加風味，還可以提昇體質能量（Dosha）的平衡。〔V↑／P↑〕

作法

1 南瓜切成一口的大小，以Ⓐ混合塗抹。

2 紅米與椰子細粉放入平底鍋輕輕拌炒2～3分鐘，
  與椰奶一起倒入果汁機中攪拌做成醬汁。

3 將步驟1的南瓜倒入鍋中並加入Ⓑ，倒入水，以中火燉煮直到南瓜變軟。

4 快要完成時加入步驟2的醬汁，稍微煮一下就關火，
  依個人喜好撒上煎焙咖哩粉。

🎕 Topics 煎焙咖哩粉 🎕

又稱為黑咖哩粉，當地語言稱作「Suwndakudu」。
主要是將具有促進消化、減脂功能的香料依成分混合而成，
通常在料理完成後撒少量用以調味。

作法：Ⓐ〔香菜籽4大匙、茴香與小茴香各1大匙、胡椒1小匙、丁香4個、豆蔻5個、
肉桂½枝、Urd 黑豆（P.120）1大匙、肉豆蔻粉少許、紅辣椒2根（依個人喜好酌量加入）〕
依照以上順序加入鍋中，以小火慢炒直到略顯焦黑為止。
將香料搗成粉末狀就可以撒在料理上調味。

椰汁燉芋頭

在斯里蘭卡用的是一種稱為「Inara」的芋頭，口感介於芋頭與馬鈴薯之間，
這裡則用容易買得到的芋頭來製作。

材料（4～5人份）

芋頭……750公克

Ⓐ

| 洋蔥（薄切）……50公克、咖哩粉1又½小匙

| 薑黃……¼小匙、咖哩葉……2～3片

| 鹽……½小匙

水……2又½杯、椰奶……1又¼杯

煎焙咖哩粉（P.018）……½小匙

+ 效能

芋頭對生活習慣產生的疾病很有療效，
同時又具備豐富的營養，可以改善肝功
能及代謝機能，但有氣喘及皮膚過敏的
人則要盡量避免食用。削皮的時候導致
皮膚癢的化學成分會在加熱之後消除。
〔P↑↑〕

作法

1 芋頭去皮，切成一口的大小。

2 將步驟1的芋頭和Ⓐ放入鍋中，倒入水，以中火燉煮直到芋頭變軟為止。

3 快要完成前倒入椰奶稍微煮一下就關火，
 依個人喜好加入適量的煎焙咖哩粉調味。

秋葵咖哩

秋葵煮過之後會產生很特別的口感，那種黏黏稠稠的口感可以調和辛辣的刺激，
產生一種溫和的咖哩風味。

材料（3～4人份）

秋葵……250公克

Ⓐ

| 洋蔥（薄切）……約½個（100公克）、咖哩粉……1又½小匙

| 薑黃……¼小匙、咖哩葉……1～2片

| 鹽……½小匙、胡椒……¼小匙

水……1又½杯、椰奶……1杯

煎焙咖哩粉（P.018）……½小匙

+ 效能

秋葵會讓身體寒涼，和溫性的香料一起
烹調就比較沒有問題。特殊的黏稠成分
其實是植物纖維的一種，具有整腸、排
出膽固醇、預防便祕等效果，含有豐富
的維他命C，非常推薦給免疫力低的人。
〔V↑〕

作法

1 將秋葵切成容易入口的長度。

2 將步驟1的秋葵和Ⓐ放入鍋中，倒入水，以中火燉煮直到秋葵變軟為止。

3 快要完成前倒入椰奶稍微煮一下就關火，
 依個人喜好加入適量的煎焙咖哩粉調味。

✚ 效能

由於有降火的作用，建議炎暑時食用。依
照湯裡加入的食材不同，可以享受各種
不同的味道，即使食慾不振也很容易入
口，因為湯裡溫和的辣味有刺激食慾的
作用，另外還能促進消化、幫助排泄順
暢。（P↑）

牛奶咖哩

「Kiri」的意思是「牛奶」，而「Hodhi」則是「湯」。
這道咖哩湯是斯里蘭卡最具代表性的料理，也是巴貝林中心每天早餐不可或缺的一道，
如同味噌湯在日式早餐的地位，湯料內容可以依個人喜好變換。

材料（3～4人份）

Ⓐ
　洋蔥（薄切）……½個
　大蒜、生薑（切碎）……各1瓣
　青辣椒（切成小段）……2～3根
　咖哩粉……1小匙
　肉桂粉……¼小匙
　葫蘆巴……1小匙
　咖哩葉……2～3片
水……2杯
椰奶……1杯
萊姆汁……少許

作法

1 在鍋中加入Ⓐ的材料、倒入水並以中火燉煮直到洋蔥變軟為止。

2 在快完成之前加入椰奶稍微煮一下便可熄火，依個人口味加入少許萊姆汁。

Topics 如同水果天堂的巴貝林早餐

巴貝林的早餐雖然是歐式自助餐形式，
但有專門人員為每個客人提供餐飲菜單的指導與建議，其中最有魅力的是，
這裡提供了大量的木瓜、香蕉、芒果、西瓜、芭樂等新鮮的南國水果。
另外，當醫師診療之後，還會依照個人體質建議適當的果汁作為處方。

豆泥咖哩

「Dhal」是豆類料理的統稱。
在巴貝林料理教室中一定會出現的是小扁豆咖哩，
簡單、快速，而且又美味可口，是結合三大優點於一身的料理。

材料（3～4人份）

小扁豆……200公克

油……½大匙

洋蔥（切碎）……¼個（50公克）

大蒜（切碎）……1瓣

咖哩葉……2～3片

咖哩粉……1小匙

水……2又½杯

椰奶……1杯

鹽（如果需要的話）……½～1小匙

萊姆汁（依個人喜好）……適量

作法

1 小扁豆以清水沖洗之後將水瀝乾。

2 在鍋裡倒入油並加入洋蔥、大蒜、咖哩葉等快炒，等到顏色呈淡棕色之後，
  將步驟1的小扁豆、咖哩粉、適量的水倒入，以中小火煮約20分鐘直到豆子熟透。

  ＊煮過頭的話，豆子會融化成泥，要注意。

3 快要完成前倒入椰奶稍微煮一下便可熄火，
  需要的話可以加少量的鹽調味，並依個人喜好加入萊姆汁。

✚ 效能

小扁豆很容易消化，含有維生素A、B、胡
蘿蔔素等，是營養豐富的高蛋白食品，
缺點是容易造成便祕，然而適當搭配辛
香料可以化解這個狀況。病癒復原期、下
痢、或是體力衰弱時適合食用。（V↑）

+ 效能

這是南印度最具代表性的湯品咖哩。由
於加入豐富的蔬菜，食物纖維也格外充
分，有降低膽固醇、增加身體免疫力、改
善代謝等功效。由於加入適量辛香料，
對胃不會造成負擔，同時幫助排便順
暢。〔P↑／K↓〕

桑巴咖哩

這是道帶點酸味能誘發食慾,同時又含有豐富蔬菜的湯咖哩,
料理的重點是不加椰奶讓羅望子的酸味得以呈現,在這裡羅望子可以用酸梅代替。

材料(3～4人份)

紅蘿蔔……1根

南瓜……¼個(小的)

四季豆……100公克

Ⓐ

  小茴香粉……½小匙

  咖哩粉……1大匙

  香菜籽粉……2大匙

  鹽……少許

油……1小匙

大蒜(薄切)……1瓣

紫洋蔥(薄切)……½個(約100公克)

小扁豆……½杯

羅望子醬*(或酸梅醬)……1大匙

鹽……適量、香菜(切成大段)……適量

a

b

作法

1 紅蘿蔔與南瓜各切成3～4公分的小塊。

2 四季豆切成約3公分的長度。

3 在大碗中倒入紅蘿蔔、南瓜、Ⓐ的香料,全體充分混合(a)。

4 在鍋中倒入1小匙的油,

　加入小扁豆簡單的快炒一下,再加入大蒜、紫洋蔥拌炒直到熟透。

5 在鍋中加入步驟3的材料,再慢慢加水直到剛好蓋過材料,以中火繼續燉煮(b)。

6 扁豆與蔬菜都煮透之後再加入四季豆稍微快煮一下。

　最後加入羅望子醬,讓它完全溶入湯中(c)、加少許鹽調味便完成,

　最後可依個人喜好添加香菜。

c

*羅望子是一種熱帶的豆科水果,將果肉去籽做成乾果,富含酸味,
　常用於咖哩、燉煮料理中。如果買不到可用酸梅取代。

✚ 効能

上：馬鈴薯加椰奶製成的咖哩是斯里蘭卡的傳統料理，雖然馬鈴薯營養價值高，同時又可以補充體力，但對消化是一種負擔，所以膽固醇高的人或正在節食的人最好要稍微控制食用的量。（X）

下：屬寒涼性質，有降火作用，適合屬Pitta體質的人食用，具有利尿效果，可以化解身體燥熱、止渴，對胃炎、泌尿器官疾病有消解作用。（P）

馬鈴薯白咖哩

斯里蘭卡必備的咖哩菜單之一。
馬鈴薯與椰奶的搭配組合，讓這道菜在質與量上都有十足的充實感。

材料（3～4人份）

馬鈴薯……400公克

Ⓐ
| 洋蔥（薄切）……¼個（50公克）
| 大蒜（切碎）……4～5瓣（25公克）
| 薑黃粉、葫蘆巴粉……各½小匙
| 咖哩粉……1小匙、鹽……½小匙
| 咖哩葉（有的話）……2～3片

水……2杯
椰奶……1又½杯

作法

1 馬鈴薯洗淨削皮，切成2～3公分小塊。

2 鍋裡放入步驟1的馬鈴薯和材料Ⓐ、倒入適量的水燉煮直到馬鈴薯變軟為止。

3 加入椰奶之後稍微煮一下就可以熄火。

小黃瓜白咖哩

用小黃瓜及椰奶熬煮而成。
口感出乎意料的清爽，天氣熱食慾不振時也很適合。

材料（3～4人份）

小黃瓜……4～5根（約400公克）

Ⓐ
| 洋蔥（切碎）……50公克
| 肉桂枝……½根
| 茴香……手指抓一小撮的量
| 咖哩葉……1片
| 小茴香、鹽……各1小匙
| 柴魚片（依個人喜好）……少許

水……2杯
椰奶……1杯
煎焙咖哩粉（P.018）……適量

作法

1 小黃瓜大致削一下皮，橫向切半、縱向再對半剖開。

2 在鍋裡放入材料Ⓐ、倒入適量的水，把步驟1的小黃瓜加入燉煮，
  蔬菜煮熟之後就可以倒入椰奶，稍微煮一下就可以熄火。
  依個人口味撒上煎焙咖哩粉。

綠科爾馬咖哩

科爾馬咖哩是北印度的地方料理，原本的作法是以少量水長時間蒸煮而成。
風味濃郁的腰果醬是亮點，在巴貝林中心是人氣十足的一道料理。

材料（4～5人份）

Ⓐ
腰果……60公克
原味優格……½杯
大蒜……3瓣
生薑……大的1塊
香菜（切碎）……1把

Ⓑ
白蘿蔔、紅蘿蔔、胡瓜、
花椰菜、青花菜、四季豆……各100公克
鹽……6公克
綜合香料粉（P.051）……30公克
油……¼杯
洋蔥（薄切）……1個
青辣椒（切成小段）……1根
水……3杯

Ⓒ
肉桂枝……⅕根
豆蔻……2～3粒
丁香……1個
炸洋蔥（市售）……適量

作法

1 Ⓐ的材料混合後倒入果汁機攪拌成醬。

2 Ⓑ的蔬菜每種都切成一口的大小（約2～3公分），
加入鹽、綜合香料粉攪拌後靜置（a）。

3 鍋裡倒入油加熱，將洋蔥炒成金黃色。
蔬菜依順序：青辣椒→步驟2的白蘿蔔、
紅蘿蔔→花椰菜、青花菜→胡瓜、四季豆加入鍋中拌炒（b）。

4 倒入所需份量的水、加入Ⓒ的香料燉煮約10分鐘，
再加入步驟1的醬料稍微煮一下就熄火，在完成的料理上撒一點炸洋蔥即可。

*這裡介紹的是印度風味，如果將材料中的香菜換成咖哩葉、
優格換成椰奶，就成為斯里蘭卡風味。蔬菜可以依個人喜好替換。

a

b

+ 效能

含豐富的礦物質可以幫助調整體質。加
入核果與優格雖然可以讓料理味道濃
郁，但含脂肪量較高，膽固醇高、減肥節
食中及有心臟病的人如果少量攝取就沒
問題。〔P↓／K↑〕

蘿蔔印度瑪

main dishes
Hinduma style
印度瑪式咖哩

這種形式的咖哩水分少、不油膩,雖然在烹調的過程中為了帶出濃郁的味道,
有些會用少量的油稍微炒一下,但基本上幾乎都不使用油,讓素材的原味可以完整呈現。
辛香料的香氣完全入味,讓蔬菜格外可口,光吃蔬菜料理就有充分的飽足感,
加上幾乎不使用油,所以用餐完也不覺得胃有負擔。

大蒜印度瑪

腰果與青豆印度瑪

✚ 效能

蛋白質與脂質含量高的腰果中加入青豆，成為一道營養豐富的料理。而煮得綿軟的腰果不但容易消化，口感也非常好，有抗酸化的作用，可以強健筋骨、關節，也有促進血液流動的功效。〔P↑／K↑〕

腰果與青豆印度瑪

這是一道營養豐富、大量採用斯里蘭卡名產腰果所製成的咖哩，
腰果烹煮到綿軟而產生濃郁香味和甜味，與青豆的味道十分搭配。

材料（3～4人份）

腰果（生）……1又½杯

洋蔥（切塊）……¼個（50公克）

大蒜（粗切）……3～4瓣

薑黃……1小匙

蒔蘿子粉……¼小匙

咖哩葉……2～3片

青辣椒（切小段）……1根

肉桂枝……½根

豆蔻（磨碎）……2顆

鹽……1小匙

黑胡椒……½小匙

青豆（冷凍）……1杯

水……3杯

作法

1 大碗中倒入腰果再注入熱水，水量剛好蓋過腰果，放置30分鐘讓乾腰果
  回復溼潤。（a）

2 將所有材料倒入鍋中以中火煮約10分鐘（b），
  直到腰果變軟就完成。

a

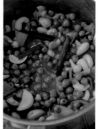

b

蘿蔔印度瑪

如果吃膩了平時常吃的蘿蔔料理,不妨加些辛香料試試做成這道咖哩。
雖然感覺份量很多,但吃起來清淡不油膩,也不會造成胃的負擔。

材料(4～5人份)

白蘿蔔……700公克

Ⓐ

洋蔥……½個(100公克)

咖哩粉、鹽……各½小匙

胡椒、薑黃……各¼小匙

咖哩葉……2～3片

水……1又¼杯、椰奶……1杯

作法

1 白蘿蔔去皮,切成大約3公分長的小條狀。

2 將步驟1的白蘿蔔、材料Ⓐ、所需的水全部倒入鍋中以中火慢煮。

3 煮到白蘿蔔變軟、水分像要透出來,
　然後倒入椰奶以小火煮約3～4分鐘就可以熄火。

＋效能

白蘿蔔屬熱性,可以提高消化能力,同時預防鼻、喉黏膜發炎,以及眼睛、泌尿系統、痔瘡、皮膚疾病等。硫磺、草酸等特殊的礦物質含量高,因此腎臟機能較弱的人不適合食用。(V↓／P↑／K↓)

大蒜印度瑪

料理的主角大蒜在充分烹煮後呈現鬆軟口感,是一道簡單的料理。
加入菠菜或豆苗菜一起煮也很好吃。

材料(3～4人份)

Ⓐ

大蒜……250公克、洋蔥(薄切)……¼個(50公克)

咖哩粉……½小匙

薑黃、胡椒……各¼小匙

咖哩葉……3～4片

水……1杯、椰奶……¼杯

作法

1 鍋裡倒入Ⓐ的材料及水,以中火燉煮。

2 一直煮到水分變少再加入椰奶,以小火稍微煮幾分鐘就完成。

＊大蒜剝去薄薄的皮,不用切直接整瓣放入。

＋效能

大蒜屬熱性食物,有促進食慾、幫助消化的功能,另外還可以消減脂肪,因此有改善高膽固醇、高血壓的效果,雖然對各種體質都有益處,但消化器官發炎的人最好避免食用。(V↓／P↑／K↓)

+ 效能
加入起司的脂質之後可以提高營養價
值,有抗酸化的作用,能強化體質,雖
然需要較長的消化時間,但對於貧血的
人很有幫助,然而高膽固醇、高血壓症
狀的人應盡量避免食用。〔K↑〕

拿瓦拉塔那咖哩

這是一道像寶石盒般，用各種顏色食材烹調而成的豐盛咖哩，也稱為九寶蔬菜咖哩。
而所謂的「拿瓦拉塔那」是斯里蘭卡傳統的九色守護寶石，
雖然在這裡用的不是能量石，但卻是能量十足的咖哩，絕對可以守護身體的健康。

材料（5～6人份）

Ⓐ
| 紅蘿蔔……100公克
| 胡瓜……100公克
| 洋蔥……50公克
| 青花菜……40公克
| 花椰菜……40公克
| 包心菜……40公克
| 甜椒……40公克
| 長蔥……40公克

水……1又¼杯

椰奶……1杯

希臘菲塔（Fita）起司（1.5公分方塊）……40公克

Ⓑ
| 咖哩粉……¼小匙
| 小茴香粉……½小匙
| 茴香粉……½小匙
| 薑黃……¼小匙
| 咖哩葉……2～3片
| 鹽……1小匙
| 胡椒……¼小匙

作法

1 材料Ⓐ的蔬菜全部切成1.5公分的方塊、或大小差不多的各式形狀。

2 將步驟1的蔬菜、Ⓑ的辛香料及水倒入鍋中，以中火烹煮直到蔬菜變軟為止。

3 最後加入椰奶稍微煮一下就完成，熄火之後再加入菲塔起司。

＊蔬菜可以用任何喜歡的種類，或是其他料理剩下的一點點蔬菜也可以加入，其中南瓜是非常推薦的食材。
＊菲塔起司其實就是新鮮起司加鹽醃漬而成，也可以莫札瑞拉起司（Mozzarella）代替，菲塔起司富含牛奶的甜味及濃郁香氣，
　可以為料理增加特殊的食感及風味，而鹹味也會稍微增加，一般建議使用沒有強烈氣味的起司較佳。

Topics 召喚幸福的九寶Navaratna

在斯里蘭卡，自古以來便盛行占星術，即使到了現代，每逢結婚、生子、
創業等重大的人生事件，還是會用占星術占卜問事，似乎是受到這股占星術的潮流影響，
當地人用九種寶石做成護身符稱為「拿瓦拉塔那」，其中，「拿瓦」是九的意思、
「拉塔那」則是寶石，據說具有除厄辟邪的強大力量，
在寶石礦產豐富的斯里蘭卡島上獨具特色。

✚ 効能

紅蘿蔔屬性溫和,對所有體質都有安定
作用,可以增進食慾、利尿、改善肝臟機
能,另外可以增強視力及免疫力、淨化血
液、改善便祕、美化肌膚。〔P↑／K↑〕

紅蘿蔔印度瑪

這是一道以紅蘿蔔為主的料理。
辛香料與椰奶更突顯紅蘿蔔的甜味，
即使不喜歡紅蘿蔔味道的人也會喜歡這道料理。

材料（4～5人份）

紅蘿蔔……400公克

Ⓐ

　洋蔥（切大塊）……¼個（50公克）

　咖哩粉……1小匙

　胡椒……¼小匙

　咖哩葉……3～4片

水……1杯

椰奶……¼杯

作法

1 紅蘿蔔切成3～4公分的細條狀。

2 將步驟1的紅蘿蔔、Ⓐ的辛香料、水倒入鍋中以中火燉煮，
　直到紅蘿蔔變軟、透出水分為止。

3 最後加入椰奶，以小火稍微煮3～4分鐘就可以熄火。

❧ Topics 咖哩粉 ❧

在斯里蘭卡當地稱為「Tunapaha」，是充滿斯里蘭卡風味的一種咖哩粉，
其中「tuna」的意思是「三」、「paha」的意思是「五」，
也就是將三種或五種香料混合而成的咖哩粉，在這裡所介紹的是巴貝林中心所用的咖哩粉，
小茴香的含量較少。一般也可以用手邊容易取得的咖哩粉代替。

作法：Ⓐ〔香菜籽5大匙、茴香2大匙、小茴香少於1大匙、黑胡椒½大匙、咖哩葉少許〕
依照順序倒入鍋中，以小火慢炒直到香味溢出就可以熄火，
要注意鍋子的餘熱也會使香料變焦，盡快倒入研磨器裡磨成粉，再用篩子過濾。

苦瓜乾炒咖哩

main dishes
Tempered style
乾炒式咖哩

食材用油拌炒，或輕炒後加點水煮透，是一種較乾、無湯汁的咖哩料理。
烹調的重點是先用油將辛香料炒熱，將香味充分帶出後再加入蔬菜拌炒。
完成後風味十足，因為有使用油所以味道濃郁，吃起來也很有飽足感。
在斯里蘭卡當地，一些烹煮時間較久、質地較硬的蔬菜類，
通常都會加入脂肪含量少、二次過濾的椰奶（P.011）來燉煮。

小扁豆與菠菜乾炒咖哩

長蔥與紅蘿蔔乾炒咖哩

✦ 効能

長蔥與紅蘿蔔組合在一起，可以平衡三種不同的體質能量（Dosha），除了胡蘿蔔素之外還富含各種維生素，具有很強的抗酸化作用，還可以強化視力、提高免疫力、消化能力、調整腸黏膜，保持肌膚健康。（V↓／P↓／K↓）

長蔥與紅蘿蔔乾炒咖哩

家裡常備的食材：長蔥與紅蘿蔔，其實是最理想的組合。
具有美肌與抗老化的效果，是女性最喜愛的一道料理。

材料（2～3人份）

長蔥……200公克

紅蘿蔔……1根

洋蔥……¼個（50公克）

油……1大匙

Ⓐ
　青辣椒（切成小段）……1根
　小茴香粉、肉桂粉、咖哩粉……各1小匙
　咖哩葉……3～4片
　薑黃、鹽、胡椒……各¼小匙
水、椰奶……各½杯

作法

1 紅蘿蔔去皮之後，用削皮器繼續削成薄片狀，
　長蔥切成5～6公分，然後再對半切開，洋蔥薄切。

2 鍋子用油加熱，將步驟1的蔬菜、材料Ⓐ以及水倒入，
　蓋上鍋蓋（a）以中火燜煮直到紅蘿蔔變軟為止。

3 最後倒入椰奶（b）稍微煮幾分鐘就可以熄火。

a

b

苦瓜乾炒咖哩

在陽光充分照射下成長的綠色山苦瓜，具有特殊的苦味是其特色，
加入油和辛香料拌炒之後會讓苦味稍微變得柔和一點。

材料（2～3人份）
苦瓜（縱向切半後再切薄片）……2條（300公克）、洋蔥（薄切）……75公克
Ⓐ
｜ 咖哩粉……1大匙、胡椒、薑黃……各¼大匙
｜ 咖哩葉（若有的話）……3～4片、鹽……½小匙
水……1又¼杯、椰奶……125cc
鹽、柴魚片（依個人喜好）……各少許

＋效能
苦瓜屬熱性食物，含有豐富的食物纖
維、維生素、礦物質等，對於三種體質能
量都有鎮定平衡效果，另外可改善糖尿
病、便祕、皮膚病、口腔炎、痔瘡、高膽固
醇等症狀。〔V↓／P↓／K↓〕

作法
1 鍋子用油加熱，倒入薄切的苦瓜、洋蔥輕輕拌炒，
   加入材料Ⓐ、水，以中火煮到苦瓜變軟，好像要透出水分為止。
2 倒入椰奶稍微煮一下，加一點鹽調味即可，
   也可以依個人喜好加柴魚片。

小扁豆與菠菜乾炒咖哩

這是斯里蘭卡最基本的常見料理之一，
小扁豆加菠菜所呈現的綿軟口感是最大魅力，
而蔬菜與豆子的份量比例可依個人口味調整。

材料（2～3人份）
小扁豆（乾燥）……200公克、水……2又½杯、鹽……⅓小匙
椰奶……¼杯
Ⓐ
｜ 奶油……1大匙
｜ 洋蔥（薄切）……50公克、大蒜……1瓣
｜ 咖哩葉、紅辣椒粉……各少許
｜ 小茴香粉……¼小匙
菠菜（切長段）……1袋（200公克）、奶油……1大匙

＋效能
有貧血症狀、身體虛弱、免疫力低的時候
很適合吃這道料理，屬於冷涼性質，所需
的消化時間也較長，但能夠促進排便，
也可以當作利尿藥方。〔V↓／P↓／K↓〕

作法
1 小扁豆稍微清洗一下倒入鍋中，
   加入水、鹽煮約20分鐘，直到小扁豆變軟為止。
2 在步驟1中加入椰奶，並以鹽（另外準備）調味之後靜置。用另一個平底鍋將材料Ⓐ中的奶油加熱，
   然後加入Ⓐ其他的材料拌炒，最後倒入煮軟的小扁豆於鍋中混合，稍微烹煮一下。
3 平底鍋放入菠菜以奶油快炒一下，倒入步驟2的鍋子裡就可以熄火。

＋ 效能
只是簡單的用油烹調，茄子就會呈現非
常鮮豔的顏色。營養也可以完整保存，
雖然需要較長的時間消化，但對於血液
循環、消化、肝臟機能等都有提升的效
果，同時還可以改善血質。〔V↑／K↑〕

茄子乾炒咖哩

茄子本來就適合油炒，
如果再加上咖哩粉與青辣椒新鮮的辛辣味，就會是一道可口的料理。

材料（2～3人份）

茄子……2～3條（250公克）

薑黃……1小匙

鹽……少許

Ⓐ
　洋蔥（薄切）……100公克
　大蒜（切大塊）……4瓣
　青辣椒（切大段）……2根

油……1小匙

Ⓑ
　生薑（切碎）……1條
　咖哩葉……3～4片
　咖哩粉……1小匙
　肉桂枝……2公分
　砂糖……1小匙
　醃梅子……1個

水……1又¼杯

椰奶……1杯

油炸用油……適量

作法

1 茄子洗乾淨後切成約3公分長的條狀，撒上薑黃和鹽，充分攪拌混合之後放入油鍋炸，
　變成淺褐色就可以撈起來，瀝掉多餘的油。

2 在鍋裡放入少許油加熱，將材料Ⓐ炒香之後加入材料Ⓑ、水一起烹煮。

3 全部煮熟之後把步驟1的茄子加入，再倒入椰奶稍微煮一下就可以熄火。

＊Ⓑ的醃梅子如果是甜味的，就不需要再加砂糖。
　本來應該要用羅望子醬（P.025），在這裡用日本人比較習慣的醃梅子代替。

✚ 効能

上：四季豆性熱，有抗酸化、利尿作用，含豐富的蛋白質、維生素、礦物質等，用油烹調之後可以幫助吸收人體所需的氨基酸、維生素。〔K↓〕

下：這一道料理屬性較為偏熱，營養價值高，可以改善貧血、促進毛髮生長、滋養視力及骨質，但屬於Pitta體質的人、皮膚病患者、痔瘡、出血性疾病症狀的人則不建議食用。〔P↑〕

四季豆乾炒咖哩

四季豆的味道普通、沒有什麼特別之處，
但加上辛香料拌炒卻可以成為一道出色料理，最後加上椰奶，呈現特殊的南國風味。

材料（2人份）

四季豆……250公克

紫洋蔥……½個

奶油……1小匙

咖哩葉……2～3片

Ⓐ
| 薑黃……¼小匙
| 咖哩粉、鹽……各½小匙

水……¾杯

椰奶……½杯

作法

1 四季豆切成2～3公分長，紫洋蔥薄切。

2 在鍋裡放入奶油加熱之後，倒入紫洋蔥和咖哩葉炒香。

3 接著將四季豆、材料Ⓐ、水倒入烹煮，直到四季豆變軟為止。

4 最後倒入椰奶稍微煮一下就完成。

香菇青蔥乾炒咖哩

香菇的味道真的非常讓人喜愛！
使用份量豐富的洋菇和各種新鮮香菇，加上辛香料拌炒便完成，香菇種類可依個人喜好變換。

材料（2人份）

洋菇……2包

鮮香菇……1包

長蔥、青辣椒……各2根

Ⓐ
| 薑黃……½大匙
| 咖哩粉……1大匙
| 鹽、胡椒……各1小匙

油……2大匙

紫洋蔥（切碎）……1大匙

大蒜（切碎）……½大匙

Ⓑ
| 肉桂枝……¼根
| 豆蔻（磨碎）……2顆
| ＊或豆蔻粉¼小匙
| 香菜籽粉……½小匙
| 小茴香粉……½小匙

水……¼～½杯

煎焙咖哩粉（P.018）……2小匙

作法

1 洋菇厚切、其他各式香菇切成一口的大小。

  長蔥切成3～4公分的小段後，再縱切成5公釐薄絲，青辣椒則稍微切段。

2 在碗裡倒入步驟1的蔬菜，加入香料Ⓐ充分攪拌。

3 在平底鍋中將油加熱，放入紫洋蔥、大蒜爆香，然後將材料Ⓑ、

  水以及步驟2的蔬菜全部倒入拌炒，完成後依個人口味撒上煎焙咖哩粉。

腰果乾炒咖哩

腰果淡淡的甜味與酥脆口感實在讓人回味無窮，
為了增加咖哩的風味，將香料撒上拌勻即可。

材料（4～5人份）
腰果（生）……1又½杯

Ⓐ
⌐ 肉桂枝……¼根
  豆蔻（磨碎）……½小匙
└ 咖哩葉……3～4片

油……1大匙

Ⓑ
⌐ 大蒜（切碎）……1小匙
  青辣椒……1根
  洋蔥（切碎）……2大匙
└ 生薑（切碎）……½小匙
  椰子屑……½杯

Ⓒ
⌐ 薑黃、咖哩粉、紅辣椒粉……各¼小匙
  胡椒……少許
└ 鹽……½小匙
  芒果沾醬（P.089、或番茄醬）……2大匙

作法

1 在平底鍋中倒入材料Ⓐ用油爆香。

2 香氣溢出後，將Ⓑ的辛香類材料加入拌炒，直到洋蔥變透明為止。

3 加入椰子屑，然後倒入材料Ⓒ及腰果炒出香味即可，最後加入芒果沾醬調味。

✚ 效能
腰果用油烹調之後營養價值會提升，能
夠強化體質、提高肝臟機能及免疫力，富
含礦物質及良性脂質，而提高免疫力所
需的黃酮素、維生素也很豐富，可以改
善肌膚、血管的彈性。〔K↑〕

+ 効能

上：秋葵是富含養分的蔬菜，屬於寒涼性質。有利尿、改善便祕、鎮定身體燥熱的功能，但如果有過敏、乾咳症狀則應避免食用。與提升身體熱性的辛香料一起烹調，可以稍微降低寒涼的屬性。〔V↑／K↑〕

下：空心菜屬於寒涼性食物，會降低體內Pitta的能量，可以淨化血液，排除體內燥熱、改善視力，富含β-胡蘿蔔素、維生素、礦物質等，用油炒過之後人體更好吸收。〔P↓〕

秋葵乾炒咖哩

想要多吃點秋葵的時候，不如用香料拌炒做成一道乾式咖哩吧！
外側保有脆脆的口感，而裡面黏滑的汁液則充分混合了咖哩的味道，十分可口！

材料（2人份）

秋葵……100公克

Ⓐ
| 咖哩粉……½小匙
| 薑黃……½小匙

紫洋蔥（薄切）……50公克

油……1小匙

Ⓑ
| 大蒜（粗切）……1瓣
| 咖哩葉……2～3片
| 青辣椒（切小段）……1根
| 肉桂枝……少許
| 鹽……½小匙
| 黑胡椒……少許

椰奶……¼杯

作法

1 秋葵切成容易入口的長度，撒上材料Ⓐ靜置。

2 在鍋裡將油加熱，倒入紫洋蔥拌炒直到成為金黃色，加入材料Ⓑ繼續爆香。

3 辛香料的香味溢出之後，將步驟1的秋葵倒入均勻拌炒。

4 最後加入椰奶稍微煮到溫熱就可以熄火。

空心菜乾炒咖哩

這是在氣候炎熱的地區常見的蔬菜，也是斯里蘭卡最普遍的蔬菜，
不但與大蒜味道相合，與各種香料更是絕配！烹調重點是用大火快炒，可以讓味道更鮮美。

材料（2人份）

空心菜……100公克

油……½大匙

Ⓐ
| 洋蔥（薄切）……20～30公克
| 大蒜（切碎）……2瓣
| 咖哩粉、薑黃……各1小匙

咖哩葉……2～3片

醬油……1小匙

鹽……½小匙

作法

1 空心菜洗淨之後切長段。

2 在平底鍋裡倒入油加熱，加入材料Ⓐ與咖哩葉拌炒直到洋蔥變成透明狀。

3 倒入空心菜快炒，加入鹽、醬油調味，當空心菜熟透就可以關火。

+ 効能
辛香料不但可以增加食物的味道，更有
幫助消化、平衡三種體質能量的功能，
馬鈴薯的澱粉含量豐富，消化時會增強
Vata能量，因此要加辛香料一起烹調比
較好。然而屬於Vata體質、有高膽固醇、
高血壓、營養不良等症狀的人並不推薦。
〔V↑〕

馬鈴薯馬薩拉

「馬薩拉」是印度風味的綜合辛香料,而馬鈴薯這種不起眼的食材,可以藉由辛香料大變身!
就能做成一道令人意外、風味絕佳的辣味料理。

材料(2~3人份)

馬鈴薯……3~4個(300公克)

Ⓐ

　薑黃……½小匙

　馬薩拉綜合香料粉＊……1小匙

　鹽……2小匙

油……3大匙

咖哩葉……3~4片

洋蔥(薄切)……200公克

大蒜(薄切)……1瓣

肉桂粉……少許

豆蔻……2~3顆

青辣椒(切小段)……1根

獅頭辣椒(切小段)……½杯

紅辣椒粉……3大匙

砂糖……1大匙、鹽……少許

作法

1 馬鈴薯去皮、切成大塊用熱水煮過,將材料Ⓐ加入拌勻靜置。

2 鍋裡的油加熱之後,將步驟1的馬鈴薯、大蒜倒入,

　並加入咖哩葉、洋蔥、肉桂粉一起拌炒,豆蔻壓碎之後也放入。

3 洋蔥炒成金黃色之後,加入青辣椒、獅頭辣椒、紅辣椒粉等,最後用鹽及砂糖調味。

＊步驟2之後可以依個人喜好加入10公克左右的柴魚片,可以增加濃郁的香氣並讓味道更有層次。
＊紅辣椒粉的量可依個人口味調整。

Topics 馬薩拉綜合香料粉Masala

「馬薩拉」其實指的是每個人自己獨創的綜合香料粉,為了方便起見,
也可以用身邊容易買到的咖哩粉代替。這裡提到的配方主要強調健胃效果,
因此香菜籽的用量較多是其特色。

作法:Ⓐ〔木豆(Dhal)3大匙、如果有的話可用Urd黑豆(P.120)2大匙、米3大匙、咖哩葉2枝份、肉桂少許、
丁香手抓2撮、豆蔻10顆〕放入2大匙油中以小火拌炒,注意不要焦黑,當香味溢出時,再加入材料Ⓑ
〔黑胡椒2大匙、茴香1又½ 大匙、小茴香2大匙、葫蘆巴½小匙、香菜籽200公克(以上都是未磨碎、
顆粒狀種子)〕以小火慢炒直到香味溢出,全部倒入研磨器裡磨成粉狀,用篩子過濾即完成。

左：擔任診療的醫師。通常初診非常仔細，而體質能量（Dosha）的診斷通常都留在最後，會依據住宿治療期間，身心狀態的調整情況來判斷。
中：午餐及晚餐後要喝的藥，約一匙的量，通稱「藥酒」，在藥草、香料煎煮的藥湯中加入葡萄乾或石蜜，味道帶甜味。
右：餐桌上放著每個人的診療卡，記載著醫師指示飲用的果汁、茶、湯等等，內容會依照複診的結果作調整。

將累積的毒素全部排出！

Consultation

從日本出發，抵達巴貝林中心的時候已經是深夜了，第二天一早醒來走出屋外，南國的陽光溫暖地照耀著。

早餐過後就前往健康中心與醫師會面，初診（Consultation）的內容包括問診、舌診、把脈等，同時也要把自己的病症、身體狀況、覺得不太正常的地方告訴醫生。而我（川島）身為一個多次造訪的客人，因為沒有什麼嚴重的疾病，所以每次都習慣性跟醫生半開玩笑地訴苦：「我想把在日本生活累積的毒素全部排出來！還有，我的頭特別大，所以常常覺得脖子僵硬、腰痛也很嚴重。啊！還有我的臉，又疲憊又充滿粗大毛孔，可不可以幫我處理一下？」醫師則總是回答：「OK、OK！」一邊微笑、一邊在診療紀錄中寫下診斷，然後將療程內容、使用的藥用油種類、住宿期間服用的藥物種類等選出來，記錄在給醫療人員看的指示文件當中。

巴貝林中心的處方是非常專業的，但即使沒有任何阿育吠陀的知識也可以接受治療。我的某位朋友就對整個狀況完全沒概念，「接下來要做什麼？」這句話總是掛在嘴邊，但是，正因為完全不懂，反而覺得很有趣呢（笑）！

接下來，每隔三至四天就會複診一次，醫師會確認治療的效果及身體狀況的變化，然後對處方籤及療程內容作調整。阿育吠陀的治療，不只是針對生病的症狀作醫療，也要調整紊亂的生活作息、排除體內累積毒素、讓身心回復原本的狀態。每天都享用著健康美味的食物，專心地接受治療，與其他客人之間也會產生共同努力的情誼。

有一次，我見到一位在住宿初期皮膚暗沉的西方女性客人，突然間顯得容光煥發、皮膚恢復成粉紅色，忍不住脫口而出：「哇！妳的膚色變得好漂亮呢！」對方也對我眨眨眼說：「妳也是呀！」

空間開闊的健康中心大廳櫃台，這裡也是按摩療程開始前等候的地方，初診時，首先就是要在這裡用非常復古的大體重計量體重。巴貝林中心的特色之一，就是這裡的員工們都是長年服務，資歷很深，例如圖中這位女性按摩師，就是筆者（川島）於一九九九年第一次到訪住宿時的按摩療癒師。

2
side dishes

配菜

在斯里蘭卡用餐時,一個大盤子裡會盛上數種不同的咖哩、配菜等,
將這些全部混合在一起吃。
單獨一樣菜當然很好吃,但各種菜混合起來會產生絕妙平衡的味道也非常棒,
而配菜通常混合了辛香料與香草,賦予料理更深刻的風味,
大多數作法都非常簡單,只要混合、攪拌就完成了,
可以輕輕鬆鬆多準備幾樣配菜備用。

side dishes

Sambol
涼拌

涼拌洋蔥

「Sambol」在僧伽羅語中的意思是「攪拌」，
其實就是日本料理的漬物或佃煮類料理，
也就是一些容易下飯的小盤醃漬涼拌菜。
這些小配菜在斯里蘭卡都是搭配咖哩料理時不可或缺的，
在當地用餐時，通常用手指將咖哩、白飯，
以及這些小菜混合在一起吃。

涼拌小黃瓜

涼拌薄荷

+ 效能

涼拌洋蔥：雖然可以改善食慾和消化功能，但
腸胃弱消化不良的人勿食。（P↑↑/K↑）
涼拌薄荷：著涼或流感時可提高免疫力，但刺
激性較強，盡量不要單獨食用。（V↓/P↑/K↑）
涼拌小黃瓜：有降火作用，潤喉、能促進體內
廢物排出。（V↑↑/P↓/K↑↑）
辣椒拌醬：非常辛辣而且屬燥熱性質，有高血
壓、胃潰瘍、胃炎、皮膚病等症狀的人盡量避
免。（P↑↑）
涼拌紅蘿蔔：具有溫潤身體的性質，同時可以
改善視力、提升免疫力，具美肌的效果。（P↑）
涼拌椰子：促進食慾、代謝體內毒素（Ama未
消化物），但有出血性疾病、胃炎、胃功能低弱
的人需控制份量。（P↑↑）

辣椒拌醬

涼拌紅蘿蔔

涼拌椰子

涼拌洋蔥

味道非常濃郁，相當於日本料理中的佃煮。

材料（方便製作的量）
紫洋蔥（薄切）……250公克
Ⓐ〔辣椒粉1大匙、丁香2顆、豆蔻2顆、
咖哩葉2～3片、肉桂粉少許〕
油……½杯、鹽……少許、萊姆汁……1大匙

作法：鍋內倒入油、紫洋蔥、Ⓐ香料，
以小火慢炒直到食材變成茶色並引出甜味，
加入鹽調味，完成時加萊姆汁。

涼拌薄荷

清新的薄荷搭配辣椒的辛辣，可以大大提升食慾。

材料（方便製作的量）
薄荷葉……1包（20公克）
涼拌椰子（P.059）……2大匙

作法：薄荷葉大致切碎放入碗中，
加入涼拌椰子拌勻。

涼拌小黃瓜

感覺是一道味道不太一樣的小黃瓜沙拉，嚐嚐看吧！

材料（方便製作的量）
小黃瓜……1根（100公克）
紫洋蔥（薄切）……10公克
Ⓐ〔青辣椒（切小段）1根、萊姆汁1小匙、鹽少許〕
柴魚片（依個人喜好）……½小匙

作法：小黃瓜去皮切成細絲，在碗裡放入小黃瓜、
紫洋蔥、Ⓐ香料，全部攪拌均勻，
依個人喜好加入柴魚片。

辣椒拌醬

又辛又辣的味道，讓身體「咻」一下就甦醒了。

材料（方便製作的量）
辣椒粉（韓國產）……½杯、熱水……適量
洋蔥（磨成泥）……1大匙
萊姆汁……少許
鹽……少許

作法：將熱水加入辣椒粉中做成醬（類似韓式紅辣椒豆瓣醬），
放入碗中，再加入洋蔥泥、萊姆汁拌勻，加少許鹽調味。

涼拌紅蘿蔔

吃了具有美肌效果的紅蘿蔔會不會變美呢？

材料（方便製作的量）
涼拌椰子（作法如下）……2大匙
紅蘿蔔（切絲）……1根
鹽……少許

作法：紅蘿蔔撒上鹽，將滲出的水分瀝乾，
加入涼拌椰子攪拌均勻，依口味可以加入鹽調味。

涼拌椰子

辣味與酸味絕妙融合，是必備的小配菜！

材料（方便製作的量）
椰子屑粉……1杯
＊乾燥的椰粉倒入剛好淹過椰粉的水量讓它恢復溼潤。
洋蔥（磨成泥）……½個
紅辣椒粉……2小匙
鹽……½小匙
萊姆汁……1個份

作法：將洋蔥泥與溼潤的椰粉混合拌勻，加入辣椒粉、
鹽、萊姆汁，放入冰箱靜置30分鐘以上。

side dishes
Mallun
蒸煮

簡單的說，這道料理就是將切成小塊的蔬菜加上椰子一起蒸煮，
幾乎每道菜都是切碎的蔬菜與充滿南國風味的椰子粉搭配在一起。
而蒸煮的方式，既能保存蔬菜的營養價值，又能帶出美味，真是一石二鳥！
可以攝取豐富的蔬菜類又不油膩，真讓人開心！作法實在很簡單，用自己喜歡的蔬菜來試試看吧！

鴨兒芹蒸煮　　　　　　　　　　　　　　蓮藕蒸煮

高麗菜蒸煮　　　　　　　　　　四季豆蒸煮

鴨兒芹蒸煮

和風感十足的鴨兒芹加了辛香料之後完全變了味道，
充滿異國風味！

材料（方便製作的量）

鴨兒芹……2把

洋蔥……50公克

Ⓐ〔薑黃1小匙、鹽¼小匙〕

水……½杯

椰子粉……2大匙

作法：鴨兒芹切碎、洋蔥薄切。

在鍋裡放入切好的洋蔥、Ⓐ及所需的水，

蓋上鍋蓋後以小火蒸煮。當洋蔥變得軟嫩熟透之後，

加入切好的鴨兒芹混合攪拌，熄火。

最後加入椰子粉充分混合。

+ 效能

鴨兒芹最好在熄火之後再加入，不要過分烹煮是很重要
的。與萵苣等葉菜類一起烹煮，營養更加均衡。〔V↓／
P↑／K↓〕

蓮藕蒸煮

蓮藕加上青辣椒新鮮的辛辣味，值得試試喔！

材料（方便製作的量）

蓮藕……200公克

青辣椒（切小段）……2根

洋蔥（薄切）……¼個（50公克）

鹽……½小匙

椰子粉……4大匙

薑黃……1小匙

作法：蓮藕去皮、切成容易入口的大小，

將所有材料倒入鍋中，

加入水直到剛好淹過所有食材的量，

蓋上鍋蓋以中火蒸煮，待蓮藕鬆軟熟透就完成。

+ 效能

蓮藕含有可以調整體質的維他命、礦物質，同時也富含
食物纖維，具有改善消化、淨化血液、通便的功能。如果
可以的話，將蓮藕事先用熱水燙過更佳。〔P↓↓〕

+ 效能

由於高麗菜屬於涼性食物，較適合具Pitta體質的人。有抗老化、抗菌、利尿等功效，當身體覺得燥熱或偶爾的便祕時也適合攝取。〔P↓〕

高麗菜蒸煮

洋蔥與椰子都帶一點甜味，加上蒸煮的蔬菜，
當作沙拉也不錯喔！

材料（方便製作的量）
高麗菜……250公克
洋蔥（薄切）……½個
Ⓐ〔鹽½小匙、胡椒¼小匙、
咖哩葉3～4片（或者小茴香½小匙）〕
水……½杯
椰子粉……3大匙

作法：高麗菜切成粗條狀、洋蔥薄切，
在較厚的鍋子中將蔬菜、Ⓐ香料全部倒入，充分攪拌，
加入所需的水，蓋上鍋蓋後以小火蒸煮，
直到蔬菜變軟熟透為止，
烹煮完成後加入椰子粉充分混合。

+ 效能

重點是要以小火烹調。具有改善消化、毛髮生長等效能，亦有降火的作用，Vata體質較強的人不宜過分攝取。〔V↑↑〕

四季豆蒸煮

在斯里蘭卡通常不用四季豆做蒸煮類料理，
但是在日本卻大受好評。

材料（方便製作的量）
四季豆……150公克
洋蔥……½個
鹽……¼小匙
水……½杯
椰子粉……2大匙
薑黃……1小匙

作法：四季豆剝去粗纖維、切成1公分左右的小段，
洋蔥薄切，塗上薑黃。在鍋中倒入蔬菜、鹽攪拌混合，
加入所需的水之後，蓋上鍋蓋以小火蒸煮，
當蔬菜變軟就可以熄火，加入椰子粉充分混合。

+ 効能

上：毛豆其實就是未成熟的黃豆，是高蛋
白質的食材，由於需要較長的消化時間，
所以消化力較弱的人、有消化不良現象，
或腹部容易脹氣的人要注意攝取的量。
（V↑）

下：茄子以香料與油烹調之後，對平衡
Vata體質很有幫助，為了慎重起見，有
關節炎、劇痛的發炎症狀、急性發燒、氣
喘等症狀的人，要注意不要攝取過量。
（V↑↑）

奶油炒毛豆杏仁

在巴貝林中心用餐以咖哩料理居多,而這道料理則適合不喜歡香料的人。
在烹調完成後,依個人喜好稍微撒點咖哩粉就有香辣味。

材料(方便製作的量)
毛豆(帶豆莢)……150公克
奶油……1大匙
大蒜(細切)……1瓣
杏仁片……20公克
鹽……適量
煎焙咖哩粉(P.018)……適量

作法
1 毛豆用水煮過,不要太軟或太硬,剛剛好熟透即可。
2 在平底鍋中放入奶油加熱,大蒜、杏仁片下鍋快炒,
   當杏仁片稍微呈現焦黃色時,就可以加入步驟1的毛豆,稍微拌炒混合即可。
3 完成後撒上鹽調味,並依個人喜好撒上適量的煎焙咖哩粉。

烤茄子醬

這是一道保留了茄子美味、口感滑潤的沾醬料理,
讓茄子充分燒烤之後產生甜味是烹調的重點,搭配餅乾、脆片等,就成了一道風味絕佳的前菜。

材料(2～3人份)

茄子……4根	萊姆汁……1小匙
洋蔥……¼個	青辣椒……1根
大蒜……1瓣	咖哩粉……1小匙
橄欖油……1大匙	鹽……¼小匙

作法
1 茄子直接在火上燒烤,或放入烤箱烘烤直到表皮焦黑,去皮。
2 將所有材料倒入果汁機中,輕輕攪拌打碎成為泥醬狀便完成。

左：瓦斯爐上一直都排列著許多土陶鍋，煎煮每位客人的處方草藥，從早上開始就咕嚕咕嚕的煮著。
中：玻璃瓶中裝著煎好的湯藥，放在健康中心前的藥櫃裡，客人可以自行前往取用。櫃子上的號碼是房間號碼。
右：大鍋子裡正在準備大量的藥用油，整個工程浩大而繁瑣，需要消耗大量體力，通常都是由男性擔任這項工作。

阿育吠陀大醫生

Ayurveda doctor

巴貝林中心最主要的醫療設施為健康中心，其組成的團隊包括阿育吠陀醫師、藥局員工、療程按摩師等專業人員，而支配著所有事情、最核心的人物就是阿育吠陀醫師。

通常阿育吠陀醫師有兩種，一種是在大學裡受專業教育養成、政府資格認定的醫師，另一種，則是家族世世代代傳承，或是成為這類醫療世家入室弟子的醫師，其中後者有點類似日本鄉鎮間的家庭醫師，經由口耳相傳：「如果得了某某病，可以去看那位醫生。」常常有慕名遠道而來的患者。而阿育吠陀醫師無論是經由哪種訓練出身，治療時所使用的藥物，都一定是天然藥方，這點絕對不會有不同。

在巴貝林中心治療使用的所有藥劑，都是由一位年紀稍長的阿育吠陀醫師全權負責，他擁有自家的藥草園，並且親自栽培藥草累積許多知識，一看就知道他是位令人景仰的大醫師，其他醫師和員工對他也非常尊敬。

根據這位大醫師所說，現在巴貝林中心所保管的藥草及天然素材竟然高達六千五百種！那麼，整個國家境內能夠採到的藥草總共有幾種呢？我問。醫師面露難色的說：「很難回答你這個問題，因為幾乎所有植物的每個部位都可以作為藥材。」接著，醫師從後面的房間拿來一瓶藥，一邊得意地微笑，一邊向我展示他正在實驗製造的藥用油，他說自己「一直都很健康，但偶爾不太舒服的時候也都是用阿育吠陀的藥方治療。」醫師在聊天時毫不做作、自在輕鬆，面對治療卻認真執著，從這一席閒聊中，我對巴貝林中心又有一番新的認識。

煎藥的風景。因為需要長時間熬煮煎製，
室內變得高溫炎熱。雖然藥草的種類和
數量依處方而有所不同，但基本作法是
在土鍋中放入六十公克藥草，加入八杯
水，一邊攪拌一邊熬煮到最後，只能萃
取約一杯的量，這個煎好的湯藥會倒入
瓶中讓客人取用。

3
soups

湯品

巴貝林中心所提供的湯品實在太好喝了,

總是受到住宿客人的好評,而美味的祕密,就在於高湯。

廚房裡準備食材時所刨下的蔬菜皮、切剩的頭尾端都不丟棄,

加水倒入大鍋中熬煮,讓蔬菜的美味完全融入高湯裡,

這也是一種愛惜食物的作法。

然而在一般家庭中,很難像餐廳一樣有大量的菜皮、菜渣用來煮高湯,

只用普通的水來煮湯也可以。

但是,有機會的話還是不妨試試用高湯來烹調喔!

白蘿蔔奶油濃湯

烘炒紅米湯

+ 效能

左：白蘿蔔容易消化，屬於熱性食物。具有利尿作用，可以淨化腎臟與血液，然而有發炎腫脹現象的患者、腎臟疾病患者最好還是避免。〔V↓／P↓／K↓〕

右：烘炒過的紅米容易消化，有增加食慾、滋潤喉嚨、讓體內血管、消化道通暢淨化的功能，雖然偶爾會造成便祕，但基本上可以減少體內脂肪、膽固醇。〔P↑／K↓〕

烘炒紅米湯

這是一道鹹味稍重的湯,炒過的米香氣、味道都令人回味,
可以促進消化,對腸胃也很溫和,通常也作為綠濃湯(P.079)的湯底。

材料(方便製作的量)

紅米(或是玄米)……50公克

水……5杯

鹽……適量

作法

1 紅米徹底清洗之後瀝乾水分靜置。

2 將紅米放入平底鍋中烘炒,直到香味溢出、顏色稍微變深為止(a)。

3 將步驟2的米倒入另一個鍋子,加入2又½杯的水,

  蓋上鍋蓋以小火慢煮直到米變軟為止。

4 在步驟3中再倒入剩下的2又½杯水(b),煮開之後加入鹽調味即完成。

a

b

白蘿蔔奶油濃湯

洋蔥以奶油輕炒引出甜味，加入淡白色的白蘿蔔湯中，可以加深顏色變化。
若是以紅心蘿蔔取代白蘿蔔作為材料，湯則會呈現淡淡的、可愛的粉紅色。

材料（方便製作的量）

白蘿蔔……500公克

洋蔥……35公克

奶油……20公克

全麥麵粉（全粒粉）……20公克

水……3杯

鹽……適量

作法

1 白蘿蔔削皮、切成約1.5公分的塊狀，洋蔥薄切。

2 在鍋裡放入奶油加熱熔化，倒入洋蔥炒到呈現透明狀為止。

3 在步驟2中加入全麥麵粉繼續炒，然後加入步驟1的白蘿蔔輕輕混合攪拌，
  把水倒入，以小火慢慢燉煮直到白蘿蔔變軟為止。

4 步驟3煮好後，等材料稍微變涼就可以倒入果汁機中打碎，
  加鹽調味即完成。要吃之前可以再稍微溫熱一下。

✦ 效能·
南瓜與香料的味道非常搭,同時還有抗
酸化作用及利尿的功效,可以改善消化
功能,讓皮膚顏色與光澤變好,對改善
視力也有很好的效果。[V↑／P↑]

南瓜奶油濃湯

南瓜的甘甜味與烘炒出香味的杏仁,真是絕配!
美味可口營養價值又高,是巴貝林中心人氣最高的湯品!

材料 (3～4人份)

南瓜······250公克(除去皮、籽)

杏仁片······10公克

洋蔥(薄切)······15公克

奶油、全麥麵粉······各5公克

水······3杯

鹽、胡椒······各少許

作法

1 將杏仁片放入烤箱烘烤,或用平底鍋乾炒直到香氣溢出。

2 南瓜削皮、去籽,切成適當的大塊狀。

3 在鍋中將奶油加熱熔化,倒入洋蔥炒到呈現透明狀為止。

4 在步驟3中倒入全麥麵粉,充分拌炒混合,然後倒入南瓜輕輕混合均勻,
  將所需的水量倒入,蓋上鍋蓋烹煮直到南瓜變軟為止。

5 當步驟4的材料稍微變涼之後,倒入果汁機中攪拌成泥,加入鹽、胡椒調味便完成。
  食用前可稍微加熱,撒上杏仁片即可。

+ 效能

甜菜味道鮮甜,屬於冷寒性食物,具有
改善血質的功效,適合消化功能好的兒
童、貧血者、生理不順的女性食用。但糖
尿病、肝臟機能弱的人則應少吃。(P↓／
K↑)

甜菜湯

甜菜鮮豔的紅色實在很吸引人的目光,而它的魅力則在那樸素的味道與自然的甜味。
含有許多對女性身體很好的成分,是值得推薦的湯品。

材料(3〜4人份)

甜菜……250公克(真正使用的部分)　　　水……2又½杯＋1杯

洋蔥(薄切)……20公克　　　　　　　　鹽……½小匙

奶油、全麥麵粉……各10公克　　　　　　原味優格……少許

作法

1　甜菜去皮、切成1〜2公分的小方塊狀。

2　在鍋中放入奶油加熱熔化,倒入洋蔥拌炒直到變透明為止。

3　在步驟2中加入全麥麵粉充分拌炒,倒入甜菜輕輕混合,將2又½杯水倒入之後蓋上鍋蓋燉煮,
　　用小火慢煮直到甜菜完全變軟為止。

4　最後再倒入1杯水,滾了之後就可以關火。稍微變涼就可以全部倒入果汁機中打成泥狀,
　　加入鹽調味。在食用前可以稍微加熱,最後淋上一點優格。

+ 効能

屬於熱性食物,可以引發食慾、改善消化功能、讓排便順暢。當消化不良、發燒、便祕的時候也適合食用。〔V↓／P↑／K↓〕

拉薩姆湯

帶點酸味,嚐起來像是對身體很好、苦口的藥膳,是一道充滿南印風味的湯。
有促進食慾、增加消化功能的效果,常常當作用餐的配湯,或餐前湯品。

材料(4～5人份)

Ⓐ

香菜籽粉、小茴香粉……各½大匙	大蒜(薄切)……2瓣
肉桂枝……¼根	洋蔥(粗切)……20公克
胡椒……3粒	水……3杯
咖哩葉……3～4片	萊姆汁……½個份
烘炒葫蘆巴……30公克	鹽……少許

作法

1 在鍋裡將材料Ⓐ、大蒜、洋蔥全部倒入,加入水以中火燉煮。

2 沸騰之後加入萊姆汁再煮約5分鐘。

3 完成後加鹽調味就可以關火。

＊烘炒葫蘆巴的作法就是將葫蘆巴放入鍋中炒香。

✦ 効能

加入奶油可以幫助消化、提高營養吸收。
不僅相當滋養，同時可以改善食慾、消化
功能、排便功能等，發燒後、便祕、消化
不良、減肥時都適合食用。(P↑)

馬利格塔瓦尼湯

據說是英國殖民時代在印度誕生、具有咖哩風味的湯品。
煮透的馬鈴薯、小扁豆融化成泥，讓蔬菜、香料的味道整個融合保存在其中。

材料（5～6人份）

Ⓐ

┊ 紅蘿蔔、白蘿蔔、馬鈴薯、高麗菜……各70公克

奶油……1大匙　　洋蔥（切碎）……30公克

咖哩葉……2～3片　全麥麵粉……1大匙

水……2又¼杯　　小扁豆（綠）……70公克

Ⓑ

┊ 香菜籽、小茴香 …… 各½小匙

鹽、胡椒 …… 各少許

水 …… ¾杯

香菜葉（大致切段）……25公克

作法

1 材料Ⓐ的紅蘿蔔、白蘿蔔、馬鈴薯等各自削皮、切成塊狀，高麗菜切成一口的大小。

2 在鍋中放入奶油加熱熔化，將洋蔥、咖哩葉放入拌炒，直到洋蔥變透明為止。

3 將全麥麵粉倒入步驟2中充分拌炒混合（要注意不要炒成焦黃色）。

4 將所需的水、小扁豆倒入，以中火煮數分鐘之後，倒入步驟1的蔬菜繼續燉煮，直到蔬菜全部變軟為止。

5 將材料Ⓑ放入，湯滾了之後就可以熄火。最後加上香菜葉。

＊香菜籽與小茴香稍微壓碎之後再放入烹調，會讓香氣更上一層。如果沒有香料種籽，也可以用現成的香料粉代替。

綠濃湯

「Kola」的意思是指「葉子」或「蔬菜」，而「Kanda」則是「粥」的意思。
這是一道在溫熱粥品中，加入新鮮蔬菜汁而成的湯料理，
也是巴貝林中心每日早餐必備的湯品，在這裡，每天早上都會依照客人的體質，
用許多不同種類的蔬菜調配數種綠濃湯。

材料（1人份）
茼蒿（或水芥菜）榨汁……50公克
粥〔烘炒紅米湯（P.072）〕……½杯
洋蔥（切碎）……1小匙
大蒜（切碎）……½瓣
椰奶……¼杯
鹽……少許

作法
1 茼蒿（或水芥菜）用果汁機打成汁。
2 在鍋裡倒入準備好的粥、洋蔥、大蒜、椰奶等，開火燉煮，湯一燒開就熄火，
  將步驟1的茼蒿（或水芥菜）汁倒入，用鹽稍微調味即可（a. b）。

＊重點是蔬菜打成的汁必須要在熄火後才能倒入。

＋ 效能
根據所使用的蔬菜種類不同，效用也會不
一樣。基本上，湯底所使用的紅米、椰奶
等就富含脂質、碳水化合物、蛋白質、維生
素、礦物質等，可以改善食慾、幫助消化，
並有改善肝功能、淨化血液的效果。
上：水芥菜〔V↓／P↑／K↓〕
下：茼蒿〔V↓／P↑〕

a

b

4
salads &
chutneys

沙拉&醬料

沙拉與醬料跟涼拌、蒸煮等小菜一樣，
是搭配咖哩料理不可或缺的重要配角，可以轉換、調和整個用餐的口感。
在斯里蘭卡當地，通常一個大盤子上盛著咖哩、白飯、小菜、醃漬物……等，
用餐時全部混合在一起吃，而加了沙拉、醬料這些重要的配角，
就能讓味道更自在豐富的變換了。

+ 效能

重點是加了胡椒與萊姆汁，營養價值
高，雖然可能造成便祕，但對於下痢、消
化不良、發燒後期復原都有幫助。〔V↑〕

小扁豆沙拉

這是用小扁豆做成、色彩豐富的一道沙拉，味道濃厚的麻油為這道菜增添了香氣，
而這裡使用的紅扁豆是將外皮剝去所呈現的顏色，水煮之後會變成鮮豔的黃色。

材料（方便製作的量）

紅扁豆……100公克

Ⓐ

　甜椒（紅、黃、綠色）……各½個

　紫洋蔥……50公克

　香菜葉……10公克

　青辣椒……1根

萊姆汁……1大匙

麻油……½大匙

鹽、胡椒……各¼小匙

作法

1 紅扁豆用水煮熟、瀝乾水分靜置。

2 材料Ⓐ的甜椒切成5公釐的小塊，其他蔬菜切碎。

3 在大碗中放進步驟1與2的材料，加入萊姆汁、麻油、鹽、胡椒調味並充分混合拌勻。

✚ 效能
秋葵屬涼性食物,可以降身體的燥熱,
而植物纖維則可以整腸、降膽固醇、改
善便祕,另外還有預防糖尿病的功能。
〔V↑/P↓/K↑〕

秋葵洋蔥沙拉

用熱水燙過的秋葵拌入洋蔥與萊姆汁,就成了一道清爽的沙拉,
在巴貝林中心早餐的自助餐吧台上,是最有人氣的一道菜,一下就被拿光了,常常要追加補充。

材料(方便製作的量)

秋葵……100公克

紫洋蔥(切碎)……30公克

萊姆汁……1大匙

鹽……½小匙

作法

1 大碗裡倒入紫洋蔥、鹽、萊姆汁充分拌勻靜置。

2 秋葵以鹽水稍微燙煮一下,每根切成三等分。

3 將步驟2的秋葵倒入步驟1的大碗中充分拌勻。

＊事先以萊姆汁(酸味)、鹽拌紫洋蔥,可以讓紫洋蔥的顏色更鮮豔。

＋功能
上：小黃瓜屬涼性食物，有利尿、抗酸化、
淨化血液的功效。（V↑／P↓／K↑）
中：芒果與酪梨都是營養豐富、具返老還
童效果的水果，雖然這兩種水果的組合並
不是阿育吠陀的配方，但因為味道實在太
美味了，所以特別在這裡介紹。（K↑↑）
下：苦瓜有促進消化的效果，會降低體內
Kapha能量，有預防糖尿病、脂質異變的功
效，尿道結石的患者則不宜多吃。（K↓↓）

小黃瓜優格沙拉

這是一道印度風的優格沙拉，作法非常簡單、味道清爽，沒有食慾的時候不妨試試這一道菜。

材料（方便製作的量）
小黃瓜……1根（100公克）
紫洋蔥（切碎）……25公克

Ⓐ
香菜葉（切碎）……2大匙
小茴香……½小匙
原味優格……50公克
鹽、胡椒……各適量

作法
1 材料Ⓐ的優格稍微瀝掉一些水分靜置。紫洋蔥切碎、小黃瓜切成約1公分小塊。
2 在大碗裡倒入步驟1的小黃瓜與洋蔥，將Ⓐ加入一起攪拌混合。

芒果酪梨漬

味道濃厚的酪梨與充滿熱帶風味的芒果組合，是在斯里蘭卡當地沒有、日本原創的風味！

材料（2〜3人份）
芒果果肉……100公克
酪梨果肉……100公克

鹽……少許
萊姆汁……1大匙
紅辣椒粉……¼小匙

作法
1 酪梨與芒果都切成約1〜2公分的小塊。
2 在大碗中倒入所有材料，全部混合均勻即可。

＊所謂「Acharu」，就是將蔬菜或水果等食材，以辛香料、醋等混合拌勻的醃漬小菜。

苦瓜沙拉

苦瓜用水快速煮過，加上洋蔥、萊姆汁涼拌就完成，可依個人喜好加上柴魚片讓味道更豐富。

材料（方便製作的量）
苦瓜……100公克
紫洋蔥……40公克

Ⓐ
萊姆汁……1大匙
鹽、胡椒……各少許

作法
1 苦瓜剖半之後，將籽及海綿狀絲挖除、薄切，放入熱水中快速燙熟之後，瀝乾水分靜置。
2 紫洋蔥薄切，在大碗中倒入步驟1的苦瓜與洋蔥混合。用餐前再加入材料Ⓐ拌勻。

＋ 效能

雖然在阿育吠陀理論中，柳橙汁與優格的屬性是不相合的，但加入生薑和鹽會讓優格更有營養。消化不良、血管有阻塞問題的人不適宜。〔K↑↑〕

紅蘿蔔沙拉

味道清爽的優格搭配柳橙汁、生薑，成為風味獨特的淋醬，
配上紅蘿蔔，有甜點式沙拉的味道，讓平常不敢吃紅蘿蔔的人也可以嘗試。

材料（方便製作的量）

紅蘿蔔……2根

原味優格……100公克

柳橙汁……2大匙

砂糖……2大匙

柳橙皮（刨碎）……少許

生薑榨汁、鹽……各少許

作法

1 優格倒入厚餐巾紙中，稍微將水分瀝掉之後靜置。

2 紅蘿蔔刨成細絲。

3 在碗中倒入步驟1的優格、柳橙汁、砂糖、柳橙皮，並加入少許生薑榨汁及鹽，與步驟2的紅蘿蔔攪拌混合即可。

+ 效能

這道醬汁屬於熱性食物,可以改善食慾
與消化功能,搭配蔬菜或魚類更是風味
絕佳的淋醬,但有胃潰瘍或胃炎的人則
要少吃,屬於Kapha體質與Vata體質的
人非常適合。〔V↓／P↑／K↓〕

萊姆綠淋醬

萊姆汁、香氣蔬菜、新鮮香草全部加在一起,以橄欖油襯底,
就成了這道清新美味的醬料,搭配油炸、水煮蔬菜或是白肉魚類,非常可口。

材料(方便製作的量)

Ⓐ

青辣椒……2根

洋蔥……30公克

大蒜……1瓣

青椒……3個

檸檬香草(蜜蜂花)……新鮮葉子2～3片

香菜葉(切碎)……1大匙

萊姆汁……1個份

香菜籽粉……2小匙

橄欖油……2大匙

鹽……¼小匙

醬油……¼小匙

個人喜好的蔬菜……適量

作法

1 Ⓐ的材料全部倒入果汁機中打成泥,作為沾醬搭配任何個人喜好的蔬菜。

＊照片中的蔬菜是炸過的蓮藕以及水煮馬鈴薯。
＊材料Ⓐ中所使用的檸檬香草葉是在日本較容易取得的材料。斯里蘭卡當地用的是香芋粉,所需量為1大匙。

Chutneys
五種恰特尼沾醬

恰特尼沾醬是斯里蘭卡料理中不可或缺的配菜，
最有趣的地方是可以變換不同的食材，產生許多不同的美味。
另外，也可以用作調味料，為料理風味增加層次。

+ 效能

1：辣味可以調節Pitta能量，對感冒、口腔
　　炎、初期的胃潰瘍有益。〔P↑／K↓〕
2：有促進食慾、消化功能的效果，並可排
　　出腹部積存的脹氣。〔V↓／P↑／K↓〕
3：雖然味道辛辣但對胃溫和，可以改善
　　食慾、消化功能。〔V↓↓／P↑↑／K↓〕
4：屬涼性食物，可以修補胃黏膜、修復細
　　胞，改善視力。〔P↑／K↓〕
5：適合夏天吃，可以改善消化、肝功能，
　　促進代謝。〔P↑↑／K↓〕

1.椰子沾醬
標準咖哩料理的沾醬。

材料（方便製作的量）

椰子粉……50公克 *以水¼杯浸泡回復溼潤

小扁豆……1大匙 *以熱水浸泡回復溼潤

油……1大匙

Ⓐ〔紫洋蔥（粗切）20公克、
青辣椒（切小段）1～2根、咖哩葉2～3片〕
鹽½小匙、萊姆汁½小匙

作法：油放入鍋裡加熱，將小扁豆放入拌炒，
然後將材料Ⓐ與椰子粉倒入大火快炒。
完成後加入萊姆汁、鹽調味。

2.紅椰子沾醬
加了紅辣椒粉的辣味醬。

材料（方便製作的量）

椰子粉……50公克 *以水¼杯浸泡回復溼潤

小扁豆……1大匙 *以熱水浸泡回復溼潤

油……1大匙

Ⓐ〔大蒜1瓣、洋蔥20公克、紅辣椒粉、
鹽各½大匙、萊姆汁1小匙〕

作法：油放入鍋裡加熱，將小扁豆放入拌炒，
熟了之後放入缽中搗碎，
然後與材料Ⓐ及椰子粉一起放入果汁機中
攪拌成醬狀。

*辣椒粉可以用韓國製的，辣味較溫和。

3.薑沾醬
又甜又辛辣，很過癮！

材料（方便製作的量）

生薑（切絲）……200公克　　肉桂枝……¼根

紅糖……5大匙　　　　　　　鹽……少許

萊姆汁、辣椒粉……各½大匙

作法：將所有材料倒入鍋中，
加水剛好蓋過所有材料，以小火燉煮，
當生薑變成透明的，試一下味道就完成。

4.綠沾醬
清爽新鮮的味道。

材料（方便製作的量）

香菜……50公克　　椰子粉……10公克

水……1大匙　　　　洋蔥……20公克

大蒜……1瓣　　　　萊姆汁……2小匙

鹽……少許

作法：全部的材料倒入果汁機中，
打成醬狀便完成。

*依個人喜好，可以加任何新鮮的香草。

5.芒果沾醬
又甜又辣還有香料加味，非常受歡迎！

材料（方便製作的量）

芒果果肉……350公克

Ⓐ〔紅辣椒粉½大匙、咖哩粉½小匙、
黑胡椒少許、薑黃1小匙〕

油……1小匙

大蒜、生薑（切碎）……各1小匙

洋蔥（薄切）……⅓個

紅糖……2小匙

Ⓑ〔醬油1小匙、青辣椒1根、肉桂、
豆蔻合起來約½大匙〕

作法：芒果肉切成小塊，將材料Ⓐ撒上靜置。
平底鍋中倒入油加熱，將大蒜、生薑、
洋蔥倒入拌炒，最後加入紅糖炒到材料變成焦糖色為止。
然後倒入芒果、材料Ⓑ，以小火慢煮約30分鐘～1小時，
一直煮到所有材料變黏稠為止。

*芒果恰特尼醬不只是用在餐桌上作為料理的沾醬，
　咖哩或燉煮類料理也可以加入芒果沾醬作為烹調用的調味料。

*salads &
chutneys*

5
grains

穀物

以米為主食的斯里蘭卡,長米、味道豐富的紅米等,
都是很常見的穀物,除了簡單的炊飯之外,
加入香料、香草植物、油、蔬菜等,
和米飯一起炊煮的方式也非常普遍。
特別是紅米,在阿育吠陀理論中是非常受重視的食材,
一般人深信它對身體很好,因而人氣很高。
除此之外帕拉塔烤餅(Paratha)、
蕎麥餅(Rotti)等麵粉做的餅類,也是常見的料理。

+ 效能

紅米：可以調整三種體質能量，營養豐富，
也容易有飽足感。〔V↓/P↓/K↓〕
紅蘿蔔：可以改善食慾、消化功能、視力及
皮膚，12歲以下兒童最好多吃。〔P↑/K↑〕
小茴香（孜然）：屬於涼性食物，可以改善
食慾及消化功能，並賦予食物更豐富的味
道。〔V↓↓/P↓/K↓〕
黃米飯：油稍微多一些，容易消化，可改善
食慾，還有逆齡返老的效果。〔P↑/K↑〕
豆泥飯：容易消化，對於下痢、發燒後復原
期、關節炎的人有益。〔V↓/P↑〕

grains

Rice
五種米飯

米是斯里蘭卡的主食，
在當地吃的米主要是一種短而水分少的品種，與長米類似，
這種米比較不黏、容易吸收湯汁水分，
很適合當地將料理與米飯混在一起吃的習慣。

1.紅米飯

對胃很溫和，容易消化。

材料（方便製作的量）
紅米（P.120）……適量
水……約為紅米的1.2倍

作法：在電鍋中放入紅米，
倒入所需的水之後，不需靜置直接炊飯。

2.紅蘿蔔飯

不喜歡紅蘿蔔的人也愛吃！

材料（方便製作的量）
煮好的飯（長米）……300公克
紅蘿蔔（切絲）……1根（100公克）
奶油……10公克
Ⓐ〔大蒜（切碎）1瓣、小茴香1小匙、
紅辣椒粉、鹽各少許〕

作法：奶油放入鍋中加熱，
將材料Ⓐ倒入拌炒，
當香味溢出之後將紅蘿蔔加入一起炒，
以鹽（另外準備）稍微調味，
炒好後倒入炊好的米飯拌勻。

3.小茴香飯

香味四溢讓人食慾大增。

材料（方便製作的量）
煮好的飯（長米）……250公克
小茴香……10公克
油……1大匙
大蒜（切碎）……1瓣
洋蔥（切碎）……25公克
咖哩葉（有的話）、鹽……各少許

作法：在鍋裡倒入油和小茴香爆香，
香味溢出後加入大蒜、洋蔥、咖哩葉
稍微拌炒一下，炒好後倒入飯中拌勻，
以鹽稍微調味。

4.黃米飯

簡單而香味濃郁的飯。

材料（方便製作的量）
長米……200公克
橄欖油（或奶油）……1大匙
洋蔥（切碎）……25公克
大蒜（切碎）……1瓣
咖哩葉……1～2片
Ⓐ〔肉桂枝¼根、豆蔻、丁香各1顆、
薑黃12公克、鹽、胡椒各少許〕
水2杯

作法：橄欖油（或奶油）倒入鍋中加熱，
將洋蔥、大蒜、咖哩葉放入拌炒，
當稍微呈現褐色就可以加入材料Ⓐ和米，
輕輕炒一下之後加水，水沸騰之後蓋上鍋蓋，
以中火煮約20分鐘，水分完全蒸發之後就完成。

5.豆泥飯

豆蔻的香味清新濃郁。

材料（方便製作的量）
長米……150公克
小扁豆……50公克
油（或奶油）……1小匙
Ⓐ〔洋蔥（切碎）25公克、紅辣椒粉½小匙、
豆蔻1顆、咖哩葉少許、鹽½小匙〕

作法：小扁豆浸泡在水中靜置約20分鐘。
長米水洗後，加入適當的水（約米的1.2倍）炊飯。
油（或奶油）放入鍋中加熱，
將材料Ⓐ依順序倒入鍋中拌炒，
直到洋蔥的顏色稍微呈現淡褐色
就可以將浸過水的小扁豆（多餘的水倒掉）
倒入一起拌炒，大約2～3分鐘後關火。
米飯煮好後，將以上的材料倒入再蒸煮約15分鐘，
混合拌勻即可。

蔬菜布里亞尼炊飯

布里亞尼炊飯是在米中加入香料及各式各樣食材,所煮成的豪華豐富的一道米料理。
在這裡介紹的是蔬食式的布里亞尼炊飯,份量大得驚人。

材料 (3～4人份)
煮好的米飯(長米)……300公克
小扁豆(用水燙過)……50公克

Ⓐ
⌈ 馬鈴薯、紅蘿蔔、長蔥、花椰菜……各50公克
薑黃……½小匙
鹽……1小匙
奶油……3大匙

Ⓑ
⌈ 丁香、豆蔻……各1小匙(2～3顆)
⌈ 小茴香、咖哩粉……各10公克
⌈ 肉桂枝……½根
⌊ 香菜籽粉……1小匙
洋蔥(切碎)……100公克
青辣椒(切成小段)……1根
大蒜、生薑(磨碎)……各½大匙
原味優格……½杯

◎飾料
⌈ 香菜……少許
⌊ 炒腰果、葡萄乾、炸洋蔥……各30公克

作法

1 材料Ⓐ的蔬菜切成1公分的小塊,撒上薑黃粉和鹽,靜置約5分鐘。

2 奶油放入平底鍋加熱熔化,將香料Ⓑ倒入爆香,
  然後倒入洋蔥拌炒,直到洋蔥呈現金黃色。

3 在步驟2中加入青辣椒、生薑、大蒜,
  以及步驟1準備好的蔬菜與小扁豆,最後倒入優格全部均勻混合。

4 將米飯倒入,快速翻炒攪拌之後,蓋上鍋蓋以小火煮約1～2分鐘。
  最後依個人口味撒上飾料。

✚ 効能
雖然對消化有些負擔,但加入多種香料
有助於促進消化。營養價值高,還有抗
酸化作用,可以提高睡眠品質,對於擁有
Pitta體質的人,以及想要增加體力與健
康的人非常推薦。〔P↓／K↑〕

帕拉塔烤餅

南印坦米爾的女廚師親自教授的烤餅,牛奶與蛋讓味道更溫和,
本來麵團靜置前應該要捲成丹麥麵包狀,但這裡將步驟簡化了。

材料(方便製作的量)

Ⓐ
全麥麵粉(高筋)……150公克
砂糖……½小匙
鹽……½小匙

Ⓑ
蛋……½個
牛奶……100cc
水……25cc

油……少許

作法

1 在碗裡倒入材料Ⓐ,混合之後倒入Ⓑ,充分攪拌搓揉,
　 一直揉到麵團像耳垂一樣柔軟為止。

2 麵團揉好之後,為了避免乾燥,蓋上一層布然後放置約2小時醒麵。

3 將麵團分割成適當的大小,用擀麵棒擀成薄餅狀。
　 平底鍋中油熱了之後,放入餅以小火將兩面烤脆。

+ 效能

碳水化合物與脂質豐富,不容易消
化,同時會增加體內Kapha能量,對
於擁有Pitta體質的人很適合,雖然
營養價值高,有增強體力的效果,但
消化能力低弱、有發燒症狀的人最好
還是避免。〔P↓/K↑〕

蕎麥餅

蕎麥餅是加了椰子粉、味道樸素的餅,和米一樣是當地非常普遍的主食之一,
作法有許多不同的方式,這裡介紹的是味道豐富的蕎麥粉加椰子粉、紫洋蔥口味。

材料(直徑6公分×厚5公釐 約16個)

Ⓐ
┌ 蕎麥粉……100公克

  全麥麵粉(高筋)……100公克

  椰子粉……100公克

└ 咖哩葉(切碎)……1～2片

鹽……½小匙

水……125cc

紫洋蔥(切碎)……1小匙

油……適量

a

作法

1 在碗裡倒入材料Ⓐ,大致混合之後加入鹽、水,輕輕搓揉(a)。

2 麵團充分混合好了之後揉成圓團狀,
  蓋上保鮮膜(b)避免乾燥,靜置約10分鐘。

b

3 將紫洋蔥倒入步驟2的麵團混合搓揉,揉勻之後以擀麵棒擀成約5公釐厚的餅
  狀(c),然後用直徑約6公分左右的杯子圓口當壓模,切成小圓餅狀(d)。

4 平底鍋上沾薄薄的油,將步驟3的圓餅放入鍋中,
  以小火燒烤直到兩面呈現微焦即可。

c

✚ 効能

帶有甘甜與澀味,屬熱性食物,蕎麥做
的餅對消化較沒有負擔,是很清淡的食
物,早、晚餐之外也可以當作下午茶的零
嘴。富含食物纖維、鐵、鈣等,對於預防
膽結石、糖尿病、癌症等有幫助。〔V↓/
P↑/K↓〕

d

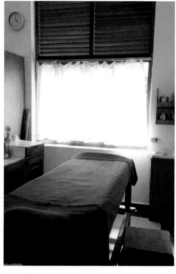

左：巴貝林中心自製的藥用油種類非常多，依照個人體質或症狀，或者依按摩的部位，如頭、肩膀等都會選用不同的油。
中：在床上躺下，先從臉部按摩後，再由兩位按摩師一起做全身按摩，從頭到腳趾都會佈滿藥油。
右：按摩的地方在油壓療程個室，幾乎每天都會進行，首先是坐在椅子上，從整個頭、肩膀、背部開始按摩。

頂級美肌療程

Ayurveda health center

一般人一聽到阿育吠陀，大多數都馬上就想到「Shirodhara」頭部淋油（油從額頭上一直滴下來的那種療程），感覺很舒服，讓人想試試看。這個印象確實沒錯，但它只是阿育吠陀多樣化療程中的一種，真正治療的整體方案，必須由醫師依據每個人的體質、症狀診斷之後來決定，像整體美容或做SPA那樣要求「我想要這樣那樣」是絕對行不通的（笑）。換句話說，所有的療程都是「處方」的一部分，全身按摩是最基本的，接著還有藥草浴，或是藥草蒸氣浴等，讓人感到極致幸福。

通常在按摩後會到健康中心的中庭小床上，躺下休息片刻（這時我的臉都會敷上新鮮的木瓜漿面膜），當下一刻睜開眼時，兩位女性盯著我的臉微笑！原來是太舒服不知不覺就睡著了，只好讓兩位員工來把我搖醒……基本上，在這裡的住宿客幾乎每個人都徹底放鬆著。只是，巴貝林與一般度假生活還是不同，放鬆之後到酒吧暢飲一杯冰啤酒是絕對不可能的，甚至連汽水或咖啡這類刺激性飲料都沒有。

那麼，平常要喝什麼呢？基本上除了水之外，主要都是喝清湯，用餐時也會搭配紅茶、藥草茶等，其次就是每天早上花四小時煎煮的湯藥，雖然有時味道又苦又澀，但每次回家時都會發現自己的皮膚變得出奇的細緻光滑，對於這樣的治療結果大為滿足，因而一次又一次回來的人還真不少。

藥局的員工每天都要為每個人準備各自
不同的處方用藥。通常按摩師在療程前
習慣做個簡單的祈禱儀式是早知道的，
而我看到藥局員工在天秤上放上藥草前
也會祈禱一下。藥粉、藥膏、藥丸等，必
須依每一回用藥的份量分別用紙包好，
實在是很不容易的工作。

6

sweets

甜點

味道辛辣的咖哩料理餐後，非常適合來一道甜膩的甜點。

在這裡介紹的，

是南國風味十足，以椰奶、椰子粉等椰子類食材製作的甜點，

充滿在地的樸素特色，讓人回味無窮。

此外，斯里蘭卡一定要提到的就是紅茶！

為了搭配甜膩的甜點，紅茶都煮得稍微濃一些，

最推薦的品種是錫蘭紅茶，

搭配斯里蘭卡特產的黑砂糖、石蜜等，味道更棒！

芝麻太妃糖

一口咬下,芝麻的香氣就在嘴裡散開,風味實在讓人難忘,
不妨搭配溫熱的飲料一起享用吧!

材料(2公分的四方形 約20個)

黑砂糖……200公克

水……½杯

黑芝麻……50公克

作法

1 在鍋子裡倒入水與黑砂糖,黑芝麻稍微乾炒過之後也倒入,以中火熬煮(a)。

2 倒一點到冰水中測試,如果呈現固狀結晶就可以熄火。

  在砧板上鋪一層烘焙用油紙,並將鍋中流質全部倒出,

  最後再鋪一層油紙在表面,用木棍推展成約5公釐的薄片(b)。

3 當表面凝固變硬之後,切成2公分×2公分的方塊(c)。

+ 効能

芝麻太妃糖在斯里蘭卡是有名的藥,營
養豐富,屬於熱性食物,一般用來作為
瀉藥、可防腐(殺菌)、也有利尿作用,能
預防便祕、痔瘡、皮膚疾病等,另外可以
讓消化更順暢。(V↓/P↑/K↓)

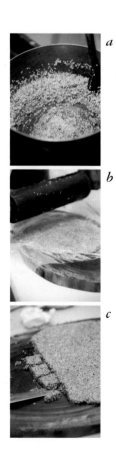

a

b

c

+ 効能

上：天然砂糖與生薑的組合，可以促進食慾、改善消化功能，屬於熱性食物，同時具有甜味和辣味，對風寒、流感、消化不良、喉嚨痛等都有很好的效果。〔P↑↑／K↑〕

下：屬於熱性食物，營養豐富很適合身體虛弱的人，但高膽固醇、高血壓、過敏、心臟病患者則應該避免。〔V↓／P↑／K↓〕

生薑太妃糖

巴貝林中心負責人的妹妹從家裡帶來的生薑太妃糖實在太好吃了，
請她教我們製作方法，雖然過程中加了很多砂糖，但生薑的味道還是非常濃郁。

材料（方便製作的量）
生薑（切碎）……50公克
精糖……130公克
水……½杯

作法

1 生薑以水快速沖洗一下，用濾篩撈起靜置。

2 鍋裡放入精糖一半的量、水、生薑熬煮直到呈黏稠狀，
　倒一點到冰水中測試，如果呈現固狀結晶（a），
　就可以將剩下一半的精糖全部倒入鍋中，用木鏟持續攪拌。

3 當生薑顏色稍微變深之後就可以熄火，
　在方形深盤底鋪上烘焙用油紙，將步驟2的材料倒入深盤，
　在表面再鋪一層油紙，碾壓成約5公釐厚的薄片。

4 當表面凝固後，就可依個人喜好切成小塊。

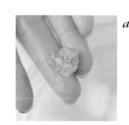
a

豆蔻牛奶太妃糖

看起來雖然不起眼，但很多人吃過之後都會上癮，
煮的時候需要用力攪拌，會讓人很有成就感。

材料（方便製作的量）
煉乳……1又¼杯
紅糖……125公克
豆蔻（壓碎）……2～3顆

作法

1 鍋中倒入煉乳、紅糖、壓碎的豆蔻，以中火熬煮，
　為了避免燒焦，要用木鏟持續不斷地攪拌（a）。

2 鍋緣產生顏色稍淺的固狀結晶、整體顏色變得較深之後，
　就可以熄火，在方形深盤上鋪烘焙用油紙，將鍋中流質倒入盤中，
　最後在表層再鋪一層油紙，碾壓成大約8公釐的薄片。

3 當表面有點凝固變硬，就可以放到砧板上用刀切成一口的大小（b）。

＊做好的太妃糖放到密閉容器，冰到冷藏庫中，可以保存2～3個月。

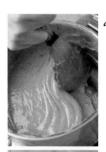
a

b

+ 效能
含有碳水化合物、蛋白質、脂質、維生素
等,營養價值高,但對消化卻有點負擔,
可以增加免疫力、促進成長,但是有肥
胖症、高血壓、高膽固醇、支氣管炎、氣
喘等呼吸系統疾病的人,應該要避免食
用。〔K↑〕

薩馬波莎糖球

這是在巴貝林中心早餐自助式吧台登場的一道點心,
椰子的香味加上黃豆粉質樸的香味,讓人感覺溫暖,回味無窮。

材料(方便製作的量)

Ⓐ

糯米粉……100公克

黃豆粉……50公克

紅糖……50公克

椰子粉……1大匙

玉米粉……2大匙

椰奶……120cc

作法

1 在大碗中將材料Ⓐ全部倒入混合,再一點一點加入椰奶充分混合(a)。

2 當步驟1的材料變得像耳垂一樣柔軟的時候,就可以揉成直徑2~3公分的球狀(b)。

a

b

+ 效能

營養價值非常高，碳水化合物、脂質、維
生素、礦物質等都均衡的包含其中，適
合貧血、全身虛弱、新陳代謝過盛、需要
養精氣的人攝取，但是糖尿病患者應避
免。〔K↑↑〕

椰子石蜜布丁

這是以石蜜、蛋、椰奶製成，味道濃郁的烤布丁，
可依個人喜好添加豆蔻的香氣。

材料（容量700～800cc耐熱容器一個的份量）

蛋……3個

石蜜（或是黑砂糖）……120公克

椰奶……2杯

作法

1 大碗裡倒入蛋與充分溶解的石蜜，椰奶溫熱後倒入，充分混合之後稍微過濾。

2 在耐熱容器中倒入步驟1的材料。

3 在烤箱底盤倒一點熱水，將步驟2的容器放入（注意不要燙傷），
　在預熱150℃的烤箱中蒸烤約30分鐘。

＊也可以用耐熱的布丁杯（120cc）5～6個代替，蒸烤的時間要調整得稍微短一點。

香蕉麵包

不需要用到蛋、乳製品，是簡單又便利的速成麵包。
烹調重點是要用完全成熟的香蕉，而香蕉那熱帶特有的甘甜和香氣，
剛好可以與紅糖的甜味完美融合。

材料（15公分方形容器一個的份量）

香蕉（全熟）……250公克

紅糖……150～180公克

沙拉油……60cc

Ⓐ

   全麥麵粉（低筋）……250公克

   發粉……½小匙

   蘇打粉……½小匙

作法

1 在大碗裡放入香蕉及紅糖，以手持攪拌器將香蕉完全攪碎，
  直到呈現鬆軟的泥狀為止。

2 在步驟1中倒入沙拉油繼續攪拌混勻，
  將Ⓐ的各種粉類加在一起慢慢撒入碗中，用橡皮刮刀輕輕攪拌。

3 在烘焙模型中鋪上烘焙紙，
  將步驟2的材料倒入（a）（b），放入預熱170～180℃的烤箱中烤約50分鐘。

＊在巴貝林中心都是將香蕉麵包切片，一片片烤得香脆再食用，
  雖然材料很簡單，但可以呈現香蕉的風味。

＋效能
香蕉帶有甜味，屬於涼性食物，可以強
化身體組織，含有豐富的營養成分，而
製作過程不使用蛋，所以較容易消化，不
會減低身體消化能力。可以減緩失眠、
貧血、胸悶灼熱、憂鬱、腸胃炎等症狀。
〔V↓／P↓／K↑↑〕

a

b

Drinks

五種藥草茶

巴貝林中心每天都會準備許多可以療癒身心的香草藥,以熱水或熱茶浸泡製成藥草茶,
並規定要以不造成身體負擔的微溫或常溫狀態來飲用,
依個人喜好,還可以加石蜜(或紅糖)來調味。

1.洛神茶

充滿南國印象的紅色與清爽的酸味是最大魅力。

作法(方便製作的量)

在鍋裡煮約10杯份量的熱水,
將10公克乾洛神花(花茶用)放入煮沸的水中,
一直煮到洛神花顏色完全滲出為止。
趁熱將殘渣濾掉,加萊姆汁便完成。

*可與石蜜(紅糖)一起飲用。

2.小茴香茶

小茴香的香味讓人覺得像在喝咖哩茶。

作法(方便製作的量)

小茴香籽約25公克洗淨,
將水瀝乾後放入平底鍋中以小火乾炒,
直到顏色稍呈茶色即可。
將炒好的小茴香放入研磨機中磨成粉,
倒入預熱過的水瓶中,
加1杯熱水蓋上瓶蓋靜置一會兒,
將殘渣過濾後就可以飲用。

3.薑茶

可以讓身體溫暖的、最熟悉的生薑紅茶。

作法(1人份)

生薑薄切片2片與紅茶1小匙放入溫熱的水瓶中,
倒入1又¼杯熱水放置約3~5分鐘,
過濾之後倒入預熱過的茶杯,
再放入2片生薑薄片。

*這裡是將生薑切片,但如果要品嚐更濃郁的味道,
　可以將生薑切成細絲或切碎。

4.香菜籽茶

淡淡的柑橘類香氣與甜味讓人很享受。

作法(方便製作的量)

香菜籽約10公克洗淨、
瀝乾水分之後,倒入平底鍋中輕輕翻動乾炒,
加入生薑薄切片2片、水約1升,
煮沸之後再繼續煮約10~25分鐘
(喜歡味道較淡的人可以煮5分鐘就好)。
趁熱過濾倒入預熱過的茶杯中飲用。

*如果有感冒前兆,可以在茶裡加生薑一起飲用,
　對於生理痛也有舒緩效果。

5.豆蔻茶

有清涼感的甘甜香味,讓身心也覺得清爽。

作法(1人份)

在溫熱過的瓶子裡放紅茶1小匙、倒入熱水1又¼杯。
預熱過的茶杯中放入1顆壓碎的豆蔻,
然後將溫熱的紅茶過濾之後倒入茶杯。

*豆蔻也可以改用豆蔻粉代替。

＋效能

1.洛神:可以淨化血液,預防貧血、皮膚病,而有嘔吐、
　下痢症狀時可飲用補充水分。〔V↓／P↑〕
2.小茴香:可以增加食慾、改善消化功能,對下痢、打
　嗝、腹痛等症狀也有緩解效果。〔V↓／P↑／K↓〕
3.薑:屬於熱性食物,對感冒、咳嗽、發燒初期及消化
　不良都有舒緩效果。〔V↓／P↑／K↓〕
4.香菜籽:對婦女病、泌尿系統疾病、感冒、發燒等有
　益。〔V↓／P↓〕
5.豆蔻:可以止嗝、止吐,增強免疫力、減緩關節痛
　等。〔V↓／P↑／K↓〕

herb teas

❧ **Topics** 斯里蘭卡常見飲品 ❧

這裡提到的雖然不是阿育吠陀所教的香草茶，但卻是斯里蘭卡最常見的飲品。

奶茶〔K↑〕

奶茶豐富的甜味與辛辣的咖哩料理非常搭，在當地是以錫蘭紅茶1杯的份量，
加奶粉1又½大匙、砂糖1大匙。重點是這裡不用脫脂奶粉，而是脂肪含量完整的全脂奶粉。
也可以使用比較容易買到的煉乳。
◎作法（1人份）：較濃的錫蘭紅茶約1茶杯份，加入煉乳約2大匙。

薑汁〔V↓／P↑↑／K↓〕

因為暑熱而感到疲倦的時候可以飲用，甜味、酸味適中，不知不覺會喝上癮。
◎作法（方便製作的量）：在鍋裡放入黃砂糖100公克、水3又½杯煮沸，
加入切碎的生薑約30公克之後就熄火靜置直到冷卻，要喝的時候可以加萊姆汁約1～2大匙。

左：自由參加的瑜伽課。有許多人在巴貝林中心住宿時初次體驗瑜伽，回國後還持續不斷練習的不少，住宿的房間中都備有瑜伽墊。
右上：下午茶時間可以自由取用紅茶或藥草茶，喜歡加薑的人，在一旁還備有切碎的生薑。
右下：客室中設備簡單，傍晚員工會將蚊帳準備好，為了不妨礙治療，電視、冷氣、冰箱一律不用。

樂園中享用豐富蔬食

Facilities & Activities

巴貝林中心的餐點一律都是用優質新鮮的食材，而且幾乎全是蔬食。早餐除了綠濃湯配烤餅、牛奶咖哩等斯里蘭卡式的基本料理之外，還伴隨著大量豐富的水果，一到午餐時間，更有各色蔬菜做成的咖哩料理一列排開。第一次住宿的時候，一位長年茹素的西方人笑著對我說：「在這裡用餐真像是天堂！」讓我印象非常深刻。而討厭蔬菜的人來到巴貝林中心，對於以蔬菜為主的料理一開始會感到很失望，但住宿期間漸漸喜歡蔬食，回國後飲食習慣全然改變的人也不少。

另外，在園區偏僻一角還有一個小餐廳，這是下午茶的場所，自助式供應紅茶及藥草茶，在那裡有很多客人進進出出，有些人坐在一起聊天，有些人安靜看書，也有人完全放空度過。

除此之外，巴貝林中心還有許多免費的活動，晨間瑜伽（可以提高阿育吠陀治療效果，非常推薦）、阿育吠陀基礎講座、參訪健康中心的藥局並說明藥草功效的課程，另外還有巴貝林中心使用的食材解說、簡單豆料理操作實演的料理教室等，有時還會安排前往近郊的市場、觀光地參觀。來到這裡前有許多人擔心沒事做、太閒，但實際上每天參加各種活動、按時間服用處方湯藥，讓人覺得意外忙碌，也有人說：「特別準備了好幾本書帶來，結果一本都沒讀就原封不動帶回家。」（笑）

大廳格局挑高,感覺十分寬敞,從樓梯
上了二樓有客人專用的電腦設備,隨著
時代潮流變化,巴貝林中心也開始使用
WiFi設備,但自用電腦通訊設備仍限於
大廳周邊可以使用,為了不妨礙治療,客
室中並不能使用電腦。

Travel Information

出發
前往斯里蘭卡!
飛奔阿育吠陀勝地

[往返路程篇]

斯里蘭卡與印度都是阿育吠陀的發源地,其中巴貝林礁岩阿育吠陀度假中心位於Beruwala市,有許多歐洲人來到這裡度假長假,建議最少住上一週,可能的話最好住兩週體驗一下!現在,就跟著本書作者——這位屬於Pitta體質的先鋒,在日本還完全不知道巴貝林的時候,就熱心宣傳各種相關資訊的川島小姐,一起搭乘斯里蘭卡航空前往現地採訪吧!

CHECK!

出發前請確認!
- 護照(有效期限6個月以上)
- 取得簽證
* 2012年1月起,前往斯里蘭卡觀光旅行可以線上申請ETA(旅遊觀光許可證)
詳情請參考:http://www.eta.gov.lk/

出發

1. 終於,出發囉!
日本與斯里蘭卡的時差為3.5小時,從成田機場出發的時間為13點30分,19點左右抵達可倫坡。中間不需要轉乘其他航空公司航班,如果第二天就想要開始阿育吠陀的療程,搭乘直飛的航班最棒了!

2. 出國手續
斯里蘭卡航空專用報到櫃台位於成田機場第二航廈的F區(uniqlo的後側),從這裡開始約9小時的旅程。

3. 搭乘
穿著傳統沙麗制服的空服員會在登機口微笑迎接乘客,充滿了斯里蘭卡的氛圍,服務親切又優雅,而且大多都是美女!

4. 機內用餐
經濟艙的餐點可以選擇咖哩(或帶有咖哩風味的餐點),也是充滿了斯里蘭卡的氣氛,特別是在回程時可以在飛機上最後一次享用咖哩,許多斯里蘭卡航空的乘客都滿心期待,這次會有什麼樣的咖哩餐呢?

CHECK!

免費飲品
機艙內的紅茶飲品當然少不了著名的錫蘭紅茶,其中商務艙以高品質優良的服務著稱,贈品包含Dilmah品牌紅茶,還有不同的口味供選擇。

蜜月小禮物Special
如果是前往度蜜月的旅客,在機艙中可以獲得一份精美可愛的蛋糕禮盒,並在劃位時可以要求確認坐在一起。蜜月特別禮物可向相關旅行社或航空公司提出,最晚在出發一週前告知。

5. 抵達
抵達斯里蘭卡班達拉奈克國際機場(通稱可倫坡機場),從這裡搭車前往西南海岸的Beruwala市約需2小時。終於來到阿育吠陀的聖地,看見美麗的海景,才開始有旅行的充實感。

回程

6. 回程
回程班機幾乎是深夜出發,隔天午後抵達,航程較辛苦,要注意好不容易在巴貝林中心調整好的體質不要被打亂了。

CHECK!

關於行李
斯里蘭卡航空托運行李的上限,即使是經濟艙也可以容許30公斤,真是讓人開心!因此許多人放心買較重的石蜜等食材,甚至有人連紅米都搬回家。
*經濟艙托運行李上限為30公斤,隨身帶入機艙內的手提行李體積上限為(45cmX35cmX20cm),重量上限為7公斤,限一件。
*商務艙托運行李上限為40公斤,隨身帶入機艙內的手提行李體積上限為(45cmX35cmX20cm),重量上限為7公斤,限兩件。

7. 按摩
在可倫坡機場裡,斯里蘭卡航空專用的商務休息室有按摩的服務,因為很受歡迎,來到休息室中最好盡快登記預約。

8. 購物
機場航廈幾年前已經重建更新,變得非常舒適,在機場免稅店可以買到斯里蘭卡的特產,包括紅茶、腰果等各種食品,而手工藝品、寶石等種類也很豐富。

Flight Information
日本唯一直航班機每週四班!

SriLankan
Airlines

[關於預約]
前往斯里蘭卡可以購買航空公司推出、便利又划算的「樂園」優惠專案。
預約訂位可利用斯里蘭卡航空售票窗口或洽詢就近的代理旅行社。
另外,線上訂位系統也可以預約(*部分對象除外)。
非常優惠的「樂園」直航機票方案有效期限為21天(政府認證),如果已經確定行程的話非常推薦購買。

(以上資料為本書作者提供由日本前往斯里蘭卡之相關訊息,僅供讀者參考。)

〔譯注〕
台灣與斯里蘭卡時差2.5小時,從台灣出發通常要經由香港、吉隆坡或曼谷轉乘斯里蘭卡航空,飛航時間約10小時~14小時,抵達斯里蘭卡首都可倫坡大多是深夜11點左右(依轉機航班而定)。順利的話隔天就可以開始享受阿育吠陀療程。

BARBERYN Information

▌巴貝林礁岩阿育吠陀度假中心
| Barberyn Reef Ayurveda Resort

位在距離斯里蘭卡班達拉奈克國際機場車程約2小時、面對西南海岸的Beruwala市,1968年創立,並於1982年導入阿育吠陀療癒法,成為世界上第一個服務外國旅客、提供食宿的療癒中心。療癒中心充滿家庭的氛圍,加上腹地狹長臨海,無論在哪裡都可以看到海景,並有海浪聲作為背景音樂,客室總共75間。

▌巴貝林海灘阿育吠陀度假中心
| Barberyn Beach Ayurveda Resort

2003年於斯里蘭卡南部海岸的Weligama市開幕,是巴貝林另一個度假療癒中心,位於面對印度洋的開闊山坡上,完全與大自然的綠意融合,受到喜愛寧靜的客人們的好評。擁有戶外的瑜伽練習場,可以一邊眺望海洋一邊練習瑜伽。客室共60間。

〔巴貝林的特色〕
◎治療費用:採統一制。即使是重病患者需要進行其他特殊的療程時,也不用額外付費,而對於健康的人來說,雖然治療、用藥較少,但整體費用比起其他中心也還算合理。
◎住宿巴貝林的隨身用品:最好額外多攜帶幾件舊內褲(療程中通常只穿一件內褲,如果是新品沾到藥用油就太可惜了)。
◎長期住宿:兩處療癒度假中心都可以交替住宿,診療記錄會隨著轉移,所以在任一個中心都可以持續原有的療程。
◎住宿費用包含的服務:早餐、午餐、晚餐、早餐的果汁及下午茶、各種課程、近郊觀光導覽、機場接送等(住宿未滿一週的客人需另外協商確認)。

◎最新的住宿費用、治療費用等詳細資訊請參考網站(也可以線上預約):
http://www.barberynresorts.com

在預訂機票時可以另外訂購國內航班到地方機場,巴貝林中心可以派車到地方機場接送。

BARBERYN AYURVEDA
RESORTS

食譜中不可或缺的食材

網購、專賣店都有！

在這裡介紹本書的食譜中不可或缺的食材,包括最重要的椰奶、豆類、粉類、砂糖等等。
一些用來製作甜點,只有在斯里蘭卡當地才能取得的粉類,這裡用日本可以買得到的材料取代。

01

02

03

04

05

06

07

08

09

01. 椰奶（AYAM）

將椰子的胚乳取出之後削碎,加水撐擠所得的汁液,製作過程採用新鮮椰子的果肉,所以有獨特的香氣和味道。馬來西亞產。

04. 椰奶粉

椰奶乾燥所製成的奶粉,使用時加入3～4倍的溫開水溶化就成為標準的椰奶,味道有點微甜,但每次可以只取所需的量,非常方便。

07. 小扁豆（去皮）

又稱扁豆,形狀圓而扁平,粉粉的口感、味道層次豐富是其特色,咖哩、湯品、燉煮料理、沙拉等都會用到。美國產,已去皮。

02. 椰奶（CHAOKOH）

由椰子內部的胚乳所搾取的汁液,從咖哩到甜點都會用到,一般會有沉澱產生,開罐前需充分搖晃混勻。泰國產。

05. 椰子粉

椰子的胚乳取出削碎、乾燥後製成的粉屑狀物,常常用在甜點的製作,其他如涼拌類(P.056～)、蒸煮類(P.060～)料理也是不可或缺。

08. 乾燥綠扁豆

法國AOC(產地認證)小粒的綠扁豆,在本書中當作Sambar powder(綜合香料)的材料之一。法國Auvergne地區、Le Puy產。

03. 煉乳

加糖的煉乳,為在牛乳中加糖熬煮濃縮的製品,利於保存,在斯里蘭卡的紅茶中都會添加很多煉乳。

06. 泰國米

顆粒細長的長米,跟日本米比起來較不黏,稍硬,粒粒分明是其特徵,帶有獨特香氣,又稱為茉莉米。泰國產。

09. 生腰果

帶有自然甜味,令人口齒留香的乾果類。烘烤或炒過之後會產生香脆的味道,富含優質的脂質、礦物質等,本書介紹的是生腰果。印度產。

 10

 11

 12

 13

 14

 15

 16

 17

 18

10. 生杏仁片

杏仁去皮切片而成,在做甜點或料理的時候廣泛使用,使用前稍微烘烤一下會產生香味及酥脆口感。美國加州產。

11. 葡萄乾

甜而多汁,由美國加州生產的Thompson無籽葡萄乾燥製成,可以直接食用,也可以用來製作甜點、料理。

12. 發粉

甜點、麵包、油炸、蒸煮等所使用的膨脹劑,沒有特殊味道,因此產生作用時並不會影響原料的原味。

13. 糯米粉

糯米加工磨成的粉,精選的優質糯米經過去蕪過程,在低溫下研磨成粉,是製作丸子、點心的主要材料。

14. 蕎麥粉

越前蕎麥主要產地、福井縣產的蕎麥粉(石臼研磨),經過石臼慢工研磨,可以保留蕎麥原有的風味,製作料理、點心的主要材料。

15. 北海道產全麥麵粉(低筋)

北海道產小麥製成的低筋麵粉,擁有獨特香氣及微微的酸味,小麥含有食物纖維、礦物質等養分,在製作點心時常會用到。

16. 粗精製糖

紅糖的一種,未經過精製、呈現深褐色的砂糖,比黑糖少了一點苦味,口感溫和,製作點心及料理時添加可增加色澤及風味。

17. 黑糖

黑砂糖磨成粉狀的製品,本書中提到的是由棕櫚萃取的粗精糖,可以用來代替石蜜,富含礦物質,甜味濃厚是特色。沖繩八重山產。

18. 黃豆粉

國產黃豆二度煎焙而成,帶有濃濃香味,富含植物蛋白的黃豆,營養豐富,在本書裡用來製作薩馬波莎糖球(P.108)。

斯里蘭卡的特色食材

斯里蘭卡特色食材種類非常多,雖然有些很難買得到,但買到的話就能為食物增加當地風味!
建議真的喜歡在地風味的人可以買來保存著,隨時為料理增添獨特味道。

本地也可以買得到的斯里蘭卡食材!

01

02

03

04

05

06

07

08

09

01. 馬爾地夫魚乾

鯖魚科的齒鰹魚水煮後煙燻、日曬乾燥製成,類似日本的柴魚片,而用途也像柴魚片,在斯里蘭卡幾乎是萬能的佐料,本書中使用一般的柴魚片(鰹魚片)。

02. 咖哩葉(Karapincha)

又稱南洋山椒、九里香,在日本可以買到乾燥的葉子,但新鮮葉子則很難取得,如果能找到新鮮的枝葉,建議種在盆栽中,在日本可以買到樹苗,最大可長得跟人一樣高,是筆者最喜歡的樹種之一。

03. 香蘭、香林頭(Rampe)

東南亞料理常常會用到的香草植物,香氣清爽帶有甜味,在巴貝林中心都將香蘭葉與米一起炊煮,讓米飯帶有香味,但由於香蘭很硬,用餐前最好從料理中取出。

04. Samba 米

這是斯里蘭卡最常見的白米,雖然屬於長米的一種,但形狀並不細長,顆粒短,有種淡淡的特殊香味,品質從高級到標準有很多層次。

05. 紅米

在斯里蘭卡非常普遍的一種米,在阿育吠陀理論中可以平衡體質能量,因此非常推崇,在日本雖然並不普遍,但在專門店還是可以買得到。

06. Urd 黑豆

在斯里蘭卡是很普通的豆類,可以磨成粉用來製作甜點,也可以加香料一起做成豆料理,一般有很多名稱,如Urd豆、Urndu豆、或黑豆。

07. 石蜜(棕糖)

取棕櫚樹的樹液製成的粗製固狀黑砂糖,在阿育吠陀理論中認為是糖品中的極品,在斯里蘭卡常常都搭配紅茶一起飲用。

08. 薩馬波莎製粉

可以輕鬆製作薩馬波莎糖球(P.108)的綜合粉,在當地當作小孩的零嘴或懷孕、哺乳期婦女的營養補充品,味道類似黃豆粉,讓人很懷念。

09. 花蜜

採集孔雀椰子的花蜜所製成,在斯里蘭卡稱為Kitul Pany,自古以來就很受喜愛的甜品,照片左邊是200ml大瓶裝。

提供:Rukie貿易有限公司(Rukie Food)http://www.rukie.co.jp

❧❧❧

Ayurveda Note
for daily meal

❧❧❧

阿育吠陀飲食建議

阿育吠陀(Ayurveda)這個字在梵文中是「生命科學」的意思，注重的不只是醫療，更強調如何保持身心健康、維持快樂的生活，其中，飲食可以滋養身體與心靈而受到重視。同時，阿育吠陀理論強調每個人都有獨一無二的個性，以這個理論為前提來認識自己的體質和特性，然後採取適合的飲食是非常重要的一件事。在這裡介紹的阿育吠陀知識雖然不多，但不妨從這裡入門，開始認識自己吧！

檢測自己的體質

●體內三種能量類型

根據阿育吠陀理論，人的心智與身體活動都依靠體內三種能量來推動與維持，這個能量在梵文中稱作「Dosha」(體質能量)，而體質能量又可以分為象徵風元素的「Vata」、象徵火元素的「Pitta」，以及象徵水元素的「Kapha」三種能量性質，當三者可以平衡運作，身心狀態就可以維持健康。

●與生俱來獨一無二的體質

阿育吠陀理論認為每個生命開始的一瞬間(受胎)，就形成獨一無二的個體本性(體質)，而這個本性(體質)終其一生都不會改變，在梵文中稱作「Prakriti」(本質：與生俱來的體質)，本質會影響這個人的體格、生理機能、性格、行動力甚至好惡習慣，當綜合各種本質特性之後，發現其中屬於風元素特性較多的就稱為「Vata體質」，火元素特性較多的則稱為「Pitta體質」，水元素特性較多的稱為「Kapha體質」，總共三大類型。一般而言，這三種體質能量中，只有一種特別極端突出的人並不常見，

通常都是以「Vata／Pitta體質」或「Kapha／Pitta體質」兩種特性混合的狀況居多，而Vata、Pitta、Kapha三種特性平衡均分的體質也有，但非常稀少。當這三種體質能量平衡運作時，身體的消化及代謝順暢，就會產生一種稱作「Ojas」的活力元素，讓免疫力提升，身體感覺舒適；相反的，如果失去能量平衡，消化代謝無法順利進行，體內毒素「Ama」就會堆積而引起各種失調現象，身體也容易生病。

●認識自己的體質是健康的第一步

每個人生來所具備的體質能量平衡狀態並不會永遠保持固定，而是隨著季節、時間、環境、活動、壓力、飲食生活等各種條件而變化，試著認識各種體質的特徵，並依據自己的體質能量狀態調整飲食及日常生活作息，讓因為外在因素而激增的體質能量稍微減緩下降，回復身體原本具有的平衡狀態是很重要的，而這也是邁向真正健康生活的重要關鍵。現在，不妨就利用下一頁的表格來確認自己的體質能量吧！

體質類型與主要特徵

Vata
基本性質：促進活動的能量，將營養運送給細胞，並排出老舊廢物，跟心臟及各種內臟的活動有關。
體質特徵：身材纖瘦、動作敏捷，雖然情緒起伏不定，但具有順應環境的能力。
容易產生便祕、畏寒、失眠、腹脹、皮膚乾燥、神經痛、月經不順等症狀。

Pitta
基本性質：促進轉換的能量，與身體的酵素分泌、養分消化、代謝等功能有關。
體質特徵：中等體態、胖瘦適中，身體柔軟有彈性，個性熱情而勇氣十足、完美主義、容易生氣憤怒。
容易產生消化系統疾病、心臟病、皮膚炎等症狀。

Kapha
基本性質：融合、安定的能量，與身體細胞的形成、免疫功能有關，並給予身體潤滑性。
體質特徵：體格壯碩、體力充沛，容易水腫發胖，個性溫和、忍耐力強，個性頑固保守。
容易產生呼吸系統疾病、糖尿病、關節炎等。

阿育吠陀體質檢測表

關於檢測的方法及結果判斷

1 每個項目中，在最貼切的選項中打勾。
2 全部確認完畢之後，依照三種類型各自核算打勾數量。
3 數量最多的類型，就是你體內最優勢的體質能量「Dosha」。

	Vata		Pitta		Kapha	
身體的特徵						
體格	纖瘦	☐	適中	☐	強壯	☐
毛髮	乾燥	☐	柔軟、有少年白、青年禿的傾向	☐	髮粗而顏色鮮亮	☐
眼	小而細	☐	平均一般的大小	☐	大而突出	☐
目光	靈活閃動	☐	銳利	☐	柔和	☐
舌	粗糙而冷	☐	深紅色	☐	偏白	☐
齒	非常不整齊	☐	泛黃甚至呈紅色	☐	潔亮有光澤	☐
生理的特徵						
食慾	起伏不定	☐	旺盛且吃很多	☐	少量	☐
睡眠	睡眠淺	☐	適度	☐	睡很多、喜歡睡覺	☐
排便	容易便祕	☐	定期、輕鬆	☐	量多、沉重、溼黏	☐
汗	不太出汗	☐	大量	☐	適量	☐
溫度	喜歡溫暖	☐	喜歡涼爽	☐	討厭寒冷	☐
月經	量少色深	☐	量多赤紅	☐	適量	☐
行動的特徵						
行動	動作迅速但不穩定	☐	確實	☐	穩健緩慢	☐
說話方式	音調高感覺像在嘶吼、說話快速	☐	聲音清晰、言語表達力強	☐	聲音低沉、說話和緩沉穩	☐
體力	虛弱	☐	普通	☐	強健	☐
心智的特徵						
精神力	很難抑制心念	☐	可以控制心念	☐	忍耐力強	☐
集中力	視線飄來飄去	☐	有目標的話會很集中	☐	小心謹慎全力以赴	☐
憤怒	容易生氣	☐	暴怒	☐	雖不會立即生氣，但餘波盪漾	☐
社交性	很容易跟別人熟識	☐	依對象而定	☐	朋友很多、且長年維繫友誼	☐
理解力	狀況判斷迅速	☐	理解力、記憶力兼具	☐	理解需要時間但不容易忘記	☐
合計		個		個		個

什麼是阿育吠陀飲食？

●每天的飲食就是最好的「良藥」

阿育吠陀最古老的一本醫學書籍《*Charaka Samhita*》中，有一些關於日常飲食及飲食生活的敘述，提到以下幾點：

· 我們的身體是由吃進來的食物所建構起來的，營養不良的結果就會造成疾病產生。

· 如果可以依據自己的狀況維持適當飲食及生活方式，就不需要藥物。

· 沒有適切的飲食、也不知道養生方法，即使用藥也完全沒有意義（無法根治問題）。

這些敘述除了強調日常飲食的重要性，也提供了一種飲食的基本理念。

●飲食最重要的關鍵字就是「消化力」

飲食並不是吃飽了就沒問題，在阿育吠陀的理論中，食物是一個人生存的能量來源、也是建構身體的基礎，因而特別受到重視，其中，在阿育吠陀食療中有一個關鍵字稱作「Agni」，也就是「消化力」（譯注：梵文「火」的意思）。當消化、吸收、代謝等功能順暢時，就會產生活力的元素「Ojas」，人也變得有精神。相反的，如果一直吃進不適合自己身體消化功能的食物，造成消化不良，體內就會累積由未消化食物產生的「Ama」毒素，而這正是所有疾病的源頭，應該要特別注意。

另外，消化力會因個人體質而不同，最好能依照每個人各自的體質找到最適合的飲食。（可參考P.125～127依體質建議的餐點）。

●取得能量平衡最重要

依據阿育吠陀的理論，人體內的體質能量可以分成Vata、Pitta、Kapha等三種形態，當這三種能量平衡運作的時候，身心就可以維持健康。但Dosha除了因為每個人的體質不同而有所差異之外，也會受到「時間」這個因素的影響，在某些特定時期，三種能量形態的其中一種容易增加，讓原本的平衡崩壞，導致各種生理上的失調產生，因此，試著去認識一天中各時段、各季節，甚至一生中各種變化而導致Dosha變動的週期性，就可以預防身心的失調及種種問題的產生，也比較容易掌握飲食及養生。

●不讓假食慾蔓延、抱著感謝的心進食

最後，最重要的一件事就是要確認是否仔細傾聽自己身體的訊息。大部分人明明肚子不餓卻一直吃東西，或有些東西明明就不想要卻無所謂地繼續吃著……為了不讓這種假食慾蔓延擴張造成飲食過量，必須用心去注意身體。

為了不導致以上所述狀況，首先要做的是試著放鬆，當身心達到調和狀態，就容易清楚意識到自己真正需要的是什麼，接下來，就可以對食物抱著感謝的心來享用。

體內能量激增的時間、季節、年齡

Dosha（體質能量）	時間帶（一日）	季節（一年）	年齡（一生）
Vata	下午、深夜、進食兩小時後	晚秋～冬	老年
Pitta	日間與夜晚、消化中或空腹時	夏～初秋	青年、中年期
Kapha	清晨與傍晚、飯後	晚冬～春、雨季	幼年期

Vata體質

Vata

Vata體質的人，身體特性原本就比較偏寒涼、輕、乾燥，
為了不再增加這些特性，建議攝取屬於溫熱、紮實（營養價值高）、
含有油脂的食物，並盡量保持規律的進食。

腰果乾炒咖哩
（P.046）

小扁豆沙拉
（P.082）

拉薩姆湯
（P.076）

小黃瓜白咖哩
（P.026）

紅米飯
（P.092）

小茴香茶
（P.112）

Advice 建議

消化力弱且不安定，建議採用溫熱食物，並適當攝取含有油脂、水分的食物，早餐要確實進食，
另外，麻油可以抑制Vata能量因此非常推薦。

○ → 〔甜味、酸味、鹹味〕牛奶、起司、優酪乳、芝麻、適量的核果類、香料、煮過的溫熱食物。

✕ → 〔辣味、苦味、適量的澀味〕沙拉等生冷食物、乾燥的食物（乾燥麥片及乾果等）、冷飲、冰淇淋等。

※依體質建議的餐點（P.125～127）主要是針對沒有疾病的人提出的建議

Pitta體質

Pitta

Pitta體質的人身體比較容易燥熱，當身體過熱時，可以攝取一些讓身體冷卻的食材，
而一些會讓身體溫暖的辛香料則不宜攝取過多。食慾和消化力強，
容易有飲食過度的傾向，必須注意不要暴飲暴食。

紅蘿蔔沙拉
（P.086）

拿瓦拉塔那咖哩
（P.034）

白蘿蔔奶油濃湯
（P.070）

馬鈴薯白咖哩
（P.026）

帕拉塔烤餅
（P.096）

香菜籽茶
（P.112）

Advice建議

要注意盡量少攝取那些為了增進食慾而添加的辛香料，空腹時也不要過度忍耐饑餓。

○ → 〔甜味、澀味、苦味〕可以消除過度燥熱的生冷食物及飲品、生菜、水果、夏季的時蔬、適量的甜食。
　　　適合Pitta體質的香料：羅勒（生）、肉桂、香菜（芫荽）、小茴香、咖哩葉、茴香、茴香籽、生薑、薄
　　　荷、胡椒薄荷、番紅花、薑黃等。

✕ → 〔辣味、酸味、過度的鹹味〕紅肉、醋、酒、咖啡、巧克力等刺激性食物、核果類、加工或冷凍食品。

Kapha體質

Kapha

Kapha體質的人身體屬於寒涼而滯重的性質，為了抑制Kapha能量的增加，盡量減少含油脂及乳製品的食物，飲食以清淡為主，另外，也建議吃烹調過的溫食，或添加讓身體溫暖的香料。

蘿蔔印度瑪
（P.033）

高麗菜蒸煮
（P.063）

烘炒紅米湯
（P.070）

紅米飯
（P.092）

豆泥咖哩
（P.022）

薑茶
（P.112）

Advice建議

適度攝取溫熱且添加辛香料的食物，而容易增加Kapha能量的肉類、蛋白質食物則少吃，
肉類（雞肉）、魚類盡量不要用油炸，而改用燒烤的方式。

○ →〔澀味、辣味、苦味〕溫熱的食物及飲料，所有的辛香料都適合，甜的食物中只有蜂蜜OK。

✕ →〔甜味、酸味、鹹味要減少〕要避免生冷食物或讓身體寒冷的水果、甜品、油或過度油膩
　　的食物、乳製品、核果類。

後記

我持續前往巴貝林中心的理由之一，除了他們的治療效果非常好之外，主要是他們的餐飲也非常好吃。（屬於Pitta體質的我常常大吃特吃！笑～）

最初是想以巴貝林療癒中心常客身分來寫一本「在日本也可以做的料理食譜」，剛好認識了料理研究家若山曜子小姐，於是真的實現願望，完成了本書。另外，巴貝林中心原本是沒有食譜的，這次大廚為了我們特別手寫記錄了各種烹調的細節，最後才能以文字呈現在各位眼前，真是讓大師們辛苦了，非常感謝巴貝林療癒中心每一位幫助我們的成員。（川島）

初到巴貝林中心是在五年前，當時身體狀況崩潰，為了休息和療養而來到這裡住宿，治療技術當然沒話説，但其中最讓我驚訝的是，以豐盛蔬菜烹調而成的料理非常好吃！我因為很喜歡奶油、糖、蛋，所以開始了製作甜點的工作，除此之外也非常喜歡吃肉，但在巴貝林每天吃蔬菜都吃不膩，而且吃得再多也不會胖，每到下一餐用餐時間，肚子很神奇的就開始覺得餓，這樣美味的巴貝林料理，真希望回到日本也可以吃到，於是就開始有了製作這本書的念頭。而這裡記載的每一項料理，只要把握住重點，就能像媽媽們煮家常菜一般得心應手，很輕鬆就能完成。希望透過這本書，讓每位讀者都能開心享受巴貝林最細緻的料理。（若山）

C'est bon 01

阿育吠陀香料蔬食料理
源自古印度的Ayurveda，南印、斯里蘭卡經典美味食譜全公開

原著書名／アーユルヴェーダ治療院のデトックスレシピ
原出版社／株式会社 KADOKAWA Enterbrain
作者／川島一惠、若山曜子
監修／巴貝林阿育吠陀療癒中心（Barberyn Ayurveda Resorts）
翻譯／尤可欣
企劃選書／何宜珍
責任編輯／曾曉玲
特約編輯／施舜文

版權部／翁靜如、吳亭儀　行銷業務／林彥伶、張倚禎　總編輯／何宜珍
總經理／彭之琬　發行人／何飛鵬
法律顧問／台英國際商務法律事務所　羅明通律師
出版／商周出版　臺北市中山區民生東路二段141號9樓
電話：(02) 2500-7008　傳真：(02) 2500-7759
E-mail：bwp.service@cite.com.tw
發行／英屬蓋曼群島商家庭傳媒股份有限公司城邦分公司
臺北市中山區民生東路二段141號2樓
讀者服務專線：0800-020-299　24小時傳真服務：(02)2517-0999
讀者服務信箱 E-mail：cs@cite.com.tw
劃撥帳號／19833503　戶名：英屬蓋曼群島商家庭傳媒股份有限公司城邦分公司
訂購服務／書虫股份有限公司客服專線：(02)2500-7718；2500-7719
服務時間：週一至週五上午09:30-12:00；下午13:30-17:00
24小時傳真專線：(02)2500-1990；2500-1991
劃撥帳號：19863813　戶名：書虫股份有限公司
E-mail：service@readingclub.com.tw
香港發行所／城邦（香港）出版集團有限公司
香港灣仔駱克道193號東超商業中心1樓
電話：(852) 2508 6231傳真：(852) 2578 9337
馬新發行所／城邦（馬新）出版集團
Cité (M) Sdn. Bhd. (458372U)
11, Jalan 30D/146, Desa Tasik, Sungai Besi,
57000 Kuala Lumpur, Malaysia.
電話：603-90563833　傳真：603-90562833

行政院新聞局北市業字第913號
美術設計／Copy
印刷／卡樂彩色製版印刷有限公司
總經銷／高見文化行銷股份有限公司　電話：(02)2668-9005　傳真：(02)2668-9790

2014年（民103）10月7日初版　Printed in Taiwan
2023年（民112）8月11日初版6刷
定價390元　著作權所有，翻印必究
商周部落格：http://bwp25007008.pixnet.net/blog
ISBN 978-986-272-651-8

國家圖書館出版品預行編目資料

阿育吠陀香料蔬食料理 ／ 川島一惠，若山曜子合著；
尤可欣譯. -- 初版. -- 臺北市：
商周出版：家庭傳媒城邦分公司發行，民103.10
面；　公分. -- (C'est bon ; 01)
譯自：アーユルヴェーダ治療院のデトックスレシピ

ISBN 978-986-272-651-8（平裝）

1. 食譜　2. 健康飲食

427.1　　　103016625

Staff
攝影：馬場わかな
造型：池水陽子
美術指導&設計：福間優子
編輯協力：岡本ひとみ

烹飪助手：小菅千恵、菅原かおり
食材協力：富澤商店
食材提供：有機・低農薬野菜と
無添加食品等の会員制宅配サービスらでぃっしゅぼーや

special thanks
田中雅也、二丈赤米産直センター（吉住公洋）